知識ゼロでも必ずわかる！

ビジネス
Python
超入門

プログラ
ミング

機械
学習

スクレイ
ピング

日経BP

中島省吾

【ご注意】

● 本書はPythonのバージョン3系（3.x系）に対応しています。使用しているのは、バージョン3.7です。

● 本書では、Windows 10のパソコンに「Anaconda」パッケージをインストールして解説しています。OSの環境やPythonのインストール方法により、画面や動作が変わることがあります。

● 本書の内容は、2019年5月時点の情報です。Pythonおよび利用環境のアップデートなどにより、画面や動作が変わることがあります。

サンプルファイルのダウンロード

本書で解説しているプログラムのサンプルファイルは以下のURLからダウンロードできます。

https://nkbp.jp/p21biz-python

はじめに

　2020年度から、小学校でもプログラミングが必修になります。文部科学省はこのプログラミング教育について、「将来どのような職業に就くとしても、時代を超えて普遍的に求められる力としての『プログラミング的思考』などを育む」ことが大切だと強調しています。

　文科省が掲げているのは「プログラミング的思考」の育成ですが、「思考」にとどまらない、実際の「プログラミング」に関わる人材の育成は、日本の産業、経済界において急務となっています。というのも、今やパソコンやスマホなど身近に使うデジタル機器はもちろん、家電や自動車、自動販売機、電子マネーまで、身の回りのあらゆるものがコンピューターとプログラムによって実現されています。IT（情報技術）に関わる人材のニーズは高まる一方です。にもかかわらず、今後IT人材は減少すると見られていて、経済産業省の試算では2020年に30万人規模、2030年には59万人規模の人材が不足するとされています（2016年「IT人材の最新動向と将来推計に関する調査結果」）。より多くの人々がプログラミングを学び、そのスキルを身に付け、これからのビジネスを担っていく必要があるのです。

　「自分は営業職だから関係ない」と考えている人がいたら、それは誤解です。文科省の言葉を借りれば、「将来どのような職業に就くとしても、時代を超えて普遍的に求められる力」として、プログラミングに関する知識やスキルは、強い武器となるでしょう。

　昨今、マーケティングにインターネットやSNSを活用するのは常識ですが、効果的なプロモーションやデータの収集・分析をするためには、Web技術やソフトウエア技術、プログラミングの知識が不可欠。ビッグデータ、人工知能（AI）、機械学習、IoT（モノのインターネット）など、

これからのビジネスの鍵となる技術にはすべて、プログラミングが関わってくるわけです。すべてを自分でプログラミングするわけではないにしても、その仕組みを知り、どのようなプログラムを使うと何ができるのかを理解していることが、既存のビジネスを活性化し、新しいビジネスを切り開くために欠かせません。

□「Python」が注目されている理由

プログラミングといっても、世の中にはさまざまなプログラミング言語があります。その中で今、最も注目されているのが「Python（パイソン）」です。なぜなら、先ほども挙げたこれからのビジネスのキーワード、AIや機械学習に関わるプログラミングに、Pythonは最適だからです。PythonにはAI関連のライブラリ（プログラムの部品）が豊富にあり、テキスト解析や科学技術計算も手軽に行えます。グーグルなど多くのIT

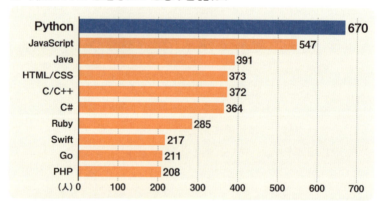

○ 図1 日経xTECHの会員1000人を対象に、今後スキルを磨きたいと思うプログラミング言語を複数回答で聞いたところ、670人がPythonを選んだ（日経SYSTEMS 2018年12月号「プログラミング言語利用実態調査」より）

企業がPythonを活用していて、私たちが普段使っているWebサービスやソフトの中にも、Pythonで作られているものが少なくありません。

日経SYSTEMSが2018年10月に実施した「プログラミング言語利用実態調査」でも、「今後、スキルを磨きたいと思う言語」の第1位に輝いています。回答者の67%がPythonを選んでいて、最も有望視されているプログラミング言語だといえるでしょう（図1）。

Pythonの魅力は、その高機能さだけではありません。初めてプログラミングを学ぶ人にわかりやすく、書きやすい言語だという点も大きく評価されています。ですので、これからプログラミングを学習する子どもや学生をはじめ、プログラミングを学んで仕事を効率化したり、仕事の幅を広げたりしたいビジネスパーソンにはうってつけ。入門者にやさしい言語がPythonなのです。

そこで本書では、これまでプログラミングの経験がない人でも理解できるように、初歩の初歩からPythonを学んでいきます。最初は、文字を表示させたり、簡単な計算をしたりしながら、少しずつ"体験"していきましょう。単純な処理に退屈してしまうかもしれませんが、そんなシンプルなプログラムを書きながら、プログラミングに必要な基礎知識を身に付けることが、確実なスキルを習得するための近道です。一歩ずつ、着実に学んでいきましょう。

最終的には、Webページから必要なデータを収集する「Webスクレイピング」や、手書き文字の画像を認識する「機械学習」のプログラムにも挑戦します。もちろん、入門書である本書だけで、Pythonのすべてをマスターできるわけではありません。しかし、Pythonが「最強のビジネスツール」であるゆえんが、実際のプログラミングを体験することでわかることでしょう。本書で身に付ける知識とスキルは、プログラミングの学習や実際のプログラミングのみならず、日々のビジネスに広く役立つはずです。

Contents

はじめに ——————————————————————— 3

第1章 Pythonプログラミング 基礎の基礎 ——— 9

01 はじめてのPythonプログラミング ————————— 10

02 Pythonで計算してみる ————————————————— 14

03 Pythonプログラミングの環境を準備する ——————— 18

第2章 データ型と変数 ——————————— 27

01 「数値」と「文字列」の違い ————————————————— 28

02 「変数」を使う ———————————————————————— 32

03 Pythonにおける「文字列」とは ——————————————— 36

第3章 プログラムの流れを 制御する ——————— 43

01 プログラムをファイルに保存する ——————————— 44

02 ファイルを呼び出して実行する ————————————— 50

03 入力を受け付けて計算する ———————————————— 55

04 値で処理を切り分ける ——————————————————— 60

05 比較演算子と論理演算子 —————————————————— 69

06 肥満度判定プログラムの完成 ——————————————— 74

第4章　オブジェクトと繰り返し　　81

01 繰り返し処理　　82

02 「リスト」を使いこなす　　92

03 リストと繰り返し　　101

04 「タプル」と「辞書」　　106

第5章　関数の作り方と使い方　　111

01 「関数」とは何か　　112

02 データの受け渡し　　119

03 変数の有効範囲（スコープ）　　130

第6章　組み込み関数とモジュール　　137

01 組み込み関数　　138

02 「モジュール」とは　　152

03 モジュールを活用する　　159

Contents

第7章 Web スクレイピング —————— 169

01 Web技術（HTML、CSS、JavaScript）—————— 170

02 WebからHTMLをダウンロード —————— 181

03 特定データの取り出し —————— 188

第8章 機械学習に挑戦しよう —————— 193

01 人工知能と機械学習 —————— 194

02 機械学習に利用するモジュール —————— 199

03 手書き文字の画像認識を試す —————— 208

おわりに —————— 220

第1章

Pythonプログラミング
基礎の基礎

01 はじめてのPythonプログラミング

02 Pythonで計算してみる

03 Pythonプログラミングの環境を準備する

--- **この章で学ぶこと** ---

- ●インタラクティブシェルとは
- ●簡単な文字列を出力する
- ●算術演算子で数値を計算する
- ●パソコンにPythonの環境を作る

第1章 Pythonプログラミング基礎の基礎

01 はじめての Pythonプログラミング

　プログラミングに初めて挑戦する人は、「なんだか難しそう」「何から始めればいいのだろう」と不安に思っているかもしれません。確かに、プログラミングを始める際には、開発環境を入手してインストールしたり、プログラミング言語の文法を学んだりと、1つのプログラムを書くまでに長い道のりが横たわっているように見えます。プログラミングの入門書を開いても、その多くが「開発環境のインストール」から始まっていて、下準備の段階からひと苦労してしまいます。

　しかし今やインターネットの時代。開発環境の準備など面倒な作業をしなくても、すぐさまプログラミングを体験できるウェブサイトがたくさんあります。Pythonの公式サイトもその1つです（図1）。実は公式サイトにアクセスするだけで、Pythonの基本的なプログラミングを手軽に試すことができます。ここではまず、Pythonプログラミングの初歩の初歩を、公式サイトで体験してみましょう。

figure 図1　Python の公式サイト。開発環境のダウンロードや各種ドキュメントの閲覧に加え、ウェブサイト上でプログラミングを試すことができる

□Pythonを体験する

　早速、Pythonを体験してみましょう。図1のPython公式サイトにアクセスし、トップページのコードが並んだ部分にある「Launch Interactive Shell」(インタラクティブシェルを起動する)のボタンをクリックしてください(**図2**)。

◯ **図2** Pythonの公式サイトで図の「Launch Interactive Shell」ボタンをクリックする

　しばらくすると、「インタラクティブシェル(Interactive Shell)」と呼ばれる画面が表示されます。このインタラクティブシェルでは、Pythonの命令を試すことができます。

◯ **図3** ウェブサイト内で起動した「インタラクティブシェル (Interactive Shell)」。「>>>」と表示された位置(プロンプト)に命令文を入力する

Pythonの命令文は、「プロンプト(prompt)」と呼ばれる場所に入力します。「>>>」という記号が表示されているところにカーソルが表示されているはずです（前ページ図3）。このプロンプト部分に、以下の命令文を入力して「Enter」キーを押してみましょう。「Enter」キーを押すと、その命令文が実行されます。

```
print('Hello, World!')
```

　これは「標準出力に『Hello, World!』という文字列を表示しなさい」という意味の命令文です。プログラムでは「命令文」のことを「プログラムコード」または単に「コード」と呼ぶので、以降は「コード」と呼ぶことにします。標準出力とは、OSなどが決めたデフォルト（標準）の表示ウインドウのことです。

Memo　Pythonのコードを入力するときは、大文字／小文字や空白(スペース)に注意してください。「print」を「Print」と入力したり、「pri nt」のように、単語に余計な空白を付けるとエラーになります。また、文字は半角文字を使います。全角文字を使うとエラーになります。「'」（シングルクォーテーション）は、「Shift」キーを押しながら「7」のキーを押して入力します。

　インタラクティブシェルの標準出力は、実行したコードの直下（次の行）になります。そのため、先ほどのコードを入力して「Enter」キーを押すと、シングルクォーテーション(')でくくられた「Hello, World!」の文字列が、すぐ下に表示されます（図4）。

↑図4 「Hello, World!」と表示する命令文(コード)を実行した様子

この「Hello, World!」と表示させるコードの例は、プログラミングを学ぶ際の"はじめの一歩"の定番です。「Hello, World!」の部分を変えて

```
print('こんにちは。日経太郎です。')
```

と入力して「Enter」キーを押せば、「こんにちは。日経太郎です。」と表示されることでしょう（**図5**）。日本語入力時にカーソルの位置や表示がおかしくなることもありますが、これだけでも、初めはちょっとうれしくなるのではないかと思います。
　このように、インターネット環境とパソコンがあれば、すぐにでもPythonのプログラミングを学び始めることが可能なわけです。

○**図5**「Hello, World!」の部分を「こんにちは。日経太郎です。」に変えてコードを入力、実行してみた

　先ほど、Pythonのコードは半角文字で入力し、全角文字を使うとエラーになると説明しましたが、「'」（シングルクォーテーション）でくくった「出力させる文字列」は命令（コード）そのものではないので、日本語や全角文字でも大丈夫です。

Python Programming

第1章　Pythonプログラミング基礎の基礎

02 Pythonで計算してみる

　「Hello, World!」とか「こんにちは。」とか表示できたからといって、何がうれしいんだ？ と読者の皆さんは思うかもしれません。そこで次に、Pythonを使って数値の計算をしてみましょう。計算だって電卓や「Excel」でやればいい――と思うかもしれませんが、最初はPythonの基本に触れ、Pythonに慣れることが大切です。ここでも公式サイトに用意されたインタラクティブシェルを使ってみます。

　手始めに、簡単な足し算をしてみましょう。インタラクティブシェルのプロンプトに「3 + 4」と入力します。入力は、すべて半角英数文字を使います。「+」記号の前後は半角スペースを入れても入れなくても大丈夫ですが、半角スペースを入れるのが一般的です。

```
3 + 4
```

のように入力したら「Enter」キーを押しましょう。すると、次の行に計算結果の「7」が表示されます（**図1**）。

↑**図1**　インタラクティブシェルのプロンプトに「3 + 4」と入力して「Enter」キーを押すと、計算結果が「7」と表示される

　同じように、Pythonではさまざまな計算をすることができます。ただし、加算（足し算）と減算（引き算）は算数と同じ「＋」と「－」の記号で計算できますが、乗算（掛

14

け算）と除算（割り算）は「×」や「÷」とは違う記号を使うので注意が必要です。

□Pythonの算術演算子

プログラミングでは、計算や命令を記述するために「演算子」を用います。演算子には、算術演算子のように記号を使うものや、単語を使うものがあり、演算が作用する対象のことを被演算子（operand; オペランド）と呼びます。Pythonでは、計算するための算術演算子として、以下の記号を用います（**図2**）。

演算子	意味	例	例の結果
+	加算（足し算）	3 + 4	7
-	減算（引き算）	6 - 2	4
*	乗算（掛け算）	2 * 4	8
/	除算（割り算）	9 / 2	4.5
//	切り捨ての除算（割り算）	9 // 2	4
%	剰余（割ったときの余り）	9 % 2	1
**	べき乗（累乗）	2 ** 3	8

⬆図2 Pythonで使う算術演算子

乗算に「*」（アスタリスク）、除算に「/」（スラッシュ）を使うのは、表計算ソフトのExcelと同じだと思うかもしれません。しかし除算には2種類あり、「/」が 1 つの除算演算子を使うと結果に小数点以下が含まれ、スラッシュが 2 つの「//」では小数点以下が切り捨てられる点に注目してください。

この除算演算子の違いを確認してみましょう。プロンプトに

```
10 / 3
```

と入力して、「Enter」キーを押します。すると、「3.3333333333333335」のように計算結果が表示されます（次ページ**図3**）。

⬆図3 スラッシュ1つを用いた「10 / 3」という式を入力して「Enter」キーを押すと、小数点以下を含む計算結果が表示される

本来、10を3で割ると割り切れず、「3.3333333333333333333333……」のように、小数点以下が永遠に続く「循環小数」になります。しかし、コンピューターのメモリーは有限なので、永遠に続く小数点以下の値を保存することができません。そのため、一定のルールに基づいて切り上げたり切り捨てたりします。そのため、Pythonでは「3.3333333333333335」のような表示になります。

次に、スラッシュを2つ並べて除算してみましょう。

```
10 // 3
```

と入力して「Enter」キーを押すと、小数点以下が切り捨てられ、答えは「3」になります（図4）。

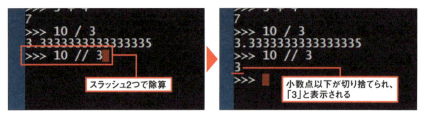

⬆図4 「10 // 3」と入力して「Enter」キーを押すと、計算結果は「3」と表示される

そのほか、「%」は「剰余」演算子と呼ぶもので、ある数をある数で割ったときの余りを返します（図5）。「*」（アスタリスク）を2個続けた「**」は「べき乗」の演算子です。「2**3」という式は「2の3乗」を意味します（図6）。

16

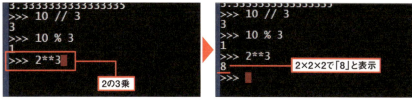

⬆図5 剰余演算子を用い、「10 % 3」と入力して「Enter」キーを押すと、10÷3＝3余り1なので、「1」と結果が表示される

⬆図6 「**」はべき乗の演算子。「2**3」で「2の3乗」を計算できる

　いかがでしょう。Pythonを電卓のように使って計算することができるようになりましたね。これらの算術演算子は、これからPythonプログラミングを始めるうえで、基本中の基本となりますので、よく覚えておいてください。

第1章　Pythonプログラミング基礎の基礎

03 Pythonプログラミングの環境を準備する

　ここまではPythonの公式サイトにある「インタラクティブシェル」を使って、Pythonの命令文の入力や実行を体験してきました。しかし、「print('こんにちは。日経太郎です。')」のように日本語を入力しようとして、うまくいかない場合があったかもしれません。公式サイトのインタラクティブシェルは、日本語の入力がしにくいなど何かと使いにくいところがあるのです。じっくり腰を据えてPythonを学ぶためには、パソコンにPythonの環境をインストールする必要があります。

□「Anaconda」をインストールする

　Pythonをパソコンにインストールするには、Pythonの公式サイトからダウンロードする方法と、「Anaconda（アナコンダ）」などのパッケージをインストールする方法があります。どちらも無料ですが、お勧めは後者です。というのも、公式サイトのPythonは基本ツールのみですが、Anacondaには標準の機能に加え、便利なツールやライブラリが付属しています。このようにさまざまなソフトウエアを1つにまとめたものを「パッケージ」と呼びます。本書では、Anacondaをインストールして、Pythonプログラミングの環境を整えることにします。

Memo　ライブラリとは、プログラムの中で汎用的に使える部分を、ほかのプログラムからも呼び出して再利用できるようにしたものです。プログラミングに使えるパーツの集まりと考えればよいでしょう。

　早速、Anacondaのダウンロードとインストールを始めましょう。まずは、Anacondaの公式サイト（https://www.anaconda.com）へアクセスして、インストーラー（インストールするためのプログラム）をダウンロードしてください（図1～図3）。Windows用のインストーラーは、ファイルサイズが600MB前後です。
　ファイルをダウンロードできたら、早速インストールしてみましょう（20ページ図4～図11）。Windows用の場合、ハードディスクの空き容量は約3GB必要です。

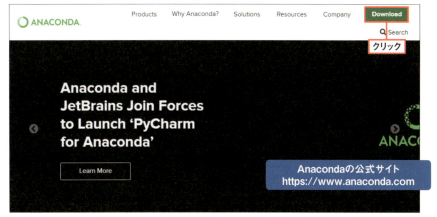

↑図1 「Anaconda」の公式サイト（2019年5月時点）。右上の「Download」ボタンをクリックする

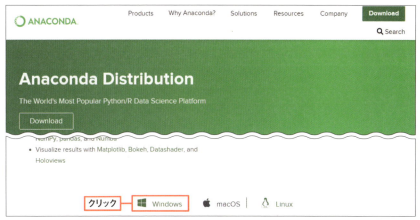

↑図2 Windows用、Mac用、Linux用があるので、それぞれのOSに合わせたファイルをダウンロードする。ここではWindowsのアイコンをクリックしてダウンロードする

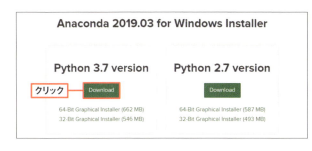

← 図3 「Python 3.x version」と「Python 2.x version」があるので、「3.x」（図では3.7）の「Download」ボタンをクリックする。ブラウザーによってはダウンロードの確認画面が表示されるので、適当な場所にファイルを保存する

Memo　Pythonには、バージョン2系（2.x系）とバージョン3系（3.x系）の2つがあります。バージョン2系のサポートは2020年で打ち切られる予定なので、これからPythonを始めるならバージョン3系を選びましょう。なお、バージョン2系と3系では一部に互換性がなく、バージョン3系で書いたプログラムが2系では動かなかったり、バージョン2系で利用できるライブラリが3系では使えなかったりします。既存のプログラムがバージョン2系だったり、2系でしか使えないライブラリを利用したりする場合は、バージョン2系についても学習する必要があります。

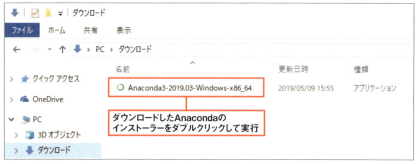

◎図4　ダウンロードしたAnacondaのインストーラー（ファイル名は2019年5月時点のもの）。これをダブルクリックして実行する

◎図5　インストーラーが起動したら、「Next」（次へ）ボタンを押す

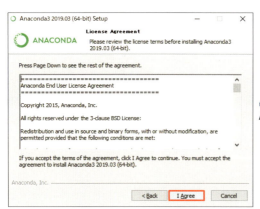

○ 図6 利用規約が表示されるので、「I Agree」(同意)ボタンを押す

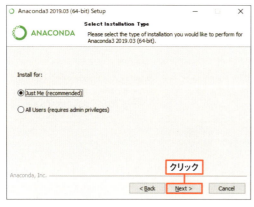

○ 図7 利用できるユーザーを選択する画面。通常は「Just Me」(自分だけ)のまま「NEXT」ボタンを押せばよい。「All Users」(すべてのユーザー)を選ぶと、パソコンのどのユーザーアカウントでも利用できるようになる

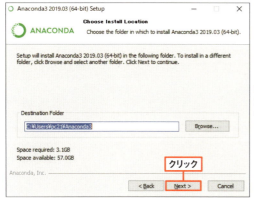

○ 図8 インストール先のフォルダーは既定のままでかまわない。そのまま「Next」ボタンを押す

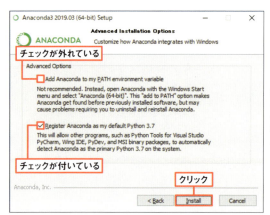

◎図9 Windowsの設定の1つ「環境変数」に「PATH」(パス)の自動設定をするかどうかを選択する画面。通常は図のようなデフォルト(標準)設定のままでよい。「Install」ボタンを押すとインストールが始まるので、しばらく待つ

◎図10 Anacondaのインストールが終わると、続いて「PyCharm」という開発環境を紹介する画面が開く。ここでは「Next」ボタンを押して先に進む

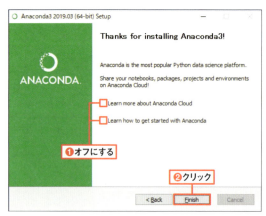

◎図11 インストールの完了画面。追加情報を表示するためのチェックボックスはオフにして「Finish」(完了)ボタンを押そう

□Anacondaの動作を確認する

インストールが完了すると、Anacondaのフォルダーに各種ツールが用意されます。Windowsの場合は、スタートメニューに「Anaconda3(64-bit)」というフォルダーができ、ここからツールを起動できます。早速、「Anaconda Prompt」をクリックして起動してみましょう（図12）。

○図12 スタートメニューから「Anaconda Prompt」を起動してみよう（図はWindows 10の画面例）

すると、「Anaconda Prompt」と上端に表示された黒い画面が開きます（図13）。先頭には

```
(base) C:¥Users¥ユーザー名>
```

という形のプロンプトが表示されていますので、「python」と入力して「Enter」キーを押しましょう（次ページ図14）。

○図13 Anaconda Promptの画面。先頭に「(base) C:¥Users¥ユーザー名>」のようにプロンプトが表示されている。ユーザー名の部分はWindowsのユーザー名になる（この図では「pc21」）

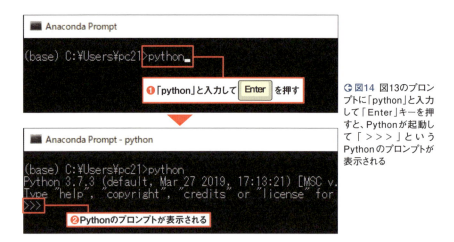

◀図14 図13のプロンプトに「python」と入力して「Enter」キーを押すと、Pythonが起動して「＞＞＞」というPythonのプロンプトが表示される

これで、前のパートで体験したPython公式サイトのインタラクティブシェルと同様の画面になります。試しに、プロンプトに以下のコードを入力してみましょう。

```
print('こんにちは!')
```

「Enter」キーを押して「こんにちは!」と表示されたら、Pythonが正しくインストールされている証拠です（**図15**）。

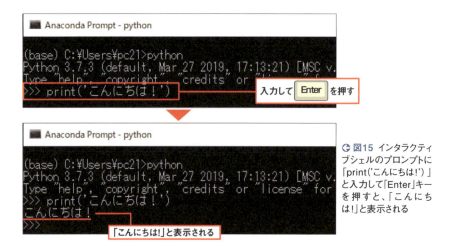

◀図15 インタラクティブシェルのプロンプトに「print('こんにちは!')」と入力して「Enter」キーを押すと、「こんにちは!」と表示される

Anaconda Promptのインタラクティブシェルなら、日本語の入力や表示も問題なくできますね。もちろん、前のパートで紹介した「3 + 4」や「10 // 3」といった計算もできます。公式サイトのインタラクティブシェルは、こうしたPythonのプログラミング環境を、Webサイト上で実現したものだったのです。

　以上で、Pythonを利用する準備は整いました。第2章からは、Pythonのプログラミングについて、より本格的に学んでいきましょう。

Column

　Pythonは、オランダ出身のプログラマー、グイド・ヴァンロッサム（Guido van Rossum）によって1991年に開発されました。Pythonという名前は、彼が、BBC（英国放送協会）が制作したコメディー番組「空飛ぶモンティ・パイソン」が好きだったためといわれています。英語のPythonは「ニシキヘビ」を意味することから、プログラミング言語Pythonのアイコンには、2匹のニシキヘビが描かれています。

在庫数を基にセット数と余りを計算

ある商品を16個ずつ1セットにして販売しています。現在、この商品の在庫は箱Aに46個、箱Bに200個、箱Cに200個あります。すべての在庫を16個ずつのセットにした場合、何セット作ることができ、何個余るでしょうか？ Pythonを使って計算してください。

　「Anaconda Prompt」でPythonのインタラクティブシェルを起動し、計算してみましょう。

　まず在庫数の合計は、「46 + 200 + 200」で計算できます。その結果を「16」で割れば、セット数や余りの数がわかるはずです。

　Pythonの除算演算子には2種類がありました。スラッシュを2つ続けた「//」を使うと、商の小数点以下を切り捨てた結果が求められます。つまり、この演算子を使って

```
(46 + 200 + 200) // 16
```

という計算をすれば、在庫数の合計を「16」で割ったときの結果を整数で求められます。余りの端数は無視して、セット数を求められるわけです。

　またPythonでは、ある数で割ったときの余り（剰余）を演算子「%」で求められます。すなわち、余る商品の数は

```
(46 + 200 + 200) % 16
```

で計算できます。実際の結果は下図の通りです。セット数は27セット、余りは14個となりますね。

Python Programming

第2章

データ型と変数

01 「数値」と「文字列」の違い
02 「変数」を使う
03 Pythonにおける「文字列」とは

― この章で学ぶこと ―

● 「データ型」とは何か
● 「数値」と「数字」の違い
● 「変数」とは何か
● 「文字コード」について

第2章 データ型と変数

「数値」と「文字列」の違い

　第2章では、プログラミングを進めるうえで欠かせない「データ型」に関する知識を身に付けましょう。データ型とは「データの種類」のことですが、Pythonには「数値型」や「文字列型」など多くのデータ型があり、その違いによってできることが異なります。第1章ではデータ型を意識することなく、文字を表示させたり、数値を計算させたりしましたが、今後プログラミングを学ぶ際には、データ型をきちんと理解して、常に意識しておく必要があります。さもないと、プログラムがエラーを起こしたり、意図した動作をしなくなったりしてしまうからです。初心者の方には小難しく感じるかもしれませんが、「急がば回れ」。ここでしっかり学習しておきましょう。

□「数値」と「数字」は違う

　最初に覚えておきたいのは、数値と文字列の違いです。前の章では、Pythonで数値を計算する方法を学びました。また、文字列を表示させるために、「print」の後ろのかっこの中に、表示したい文字列を「'」(シングルクォーテーション)で囲んで指定しました。この「'」は、Pythonで文字列を指定するために使います。

Pythonでは文字列の指定に「'」(シングルクォーテーション)を使います。「"」(ダブルクォーテーション)や「'''」(トリプルクォーテーション)を使うこともあります。

　では、次のようなコードを入力して実行すると、どのような結果になるでしょうか。

`'3' + '4'`

　「3 + 4」という数値同士の足し算なら結果は「7」となりますが、ここでは「3」と

「4」を「'」でくくって「'3'」「'4'」のように指定しています。つまり、数値ではなく「数字」、すなわち「文字列」として指定したことになります。

Anaconda Promptのインタラクティブシェルを起動し、実行してみましょう。結果は次の通りです（**図1**）。

◎図1 「'3' + '4'」を実行すると「'34'」と出力される

数値を「'」で囲んで「'3'」のように書くと、数値ではなく「文字列」になります。そのため「'3' + '4'」というコードは、「文字列の'3'と文字列の'4'の足し算」ということになります。ただし、文字列同士で足し算をすることはできません。そこでPythonでは、「+」演算子で「文字列の連結」を行います。

試しに数字ではなく、一般的な文字列で試してみましょう。

```
'ビジネス' + 'Python'
```

というコードを実行すれば、「'ビジネスPython'」のように出力されます（**図2**）。

◎図2 「+」演算子で文字列同士を連結する

このように、Pythonでは、「数値」と「文字列」を明確に区別する点に注意してください。同じ「3」という数値でも、「'3'」のように文字列として指定すると、結果が変わるわけです。

「数値」と「文字列」を区別するように、プログラミングではさまざまなデータの種類を区別して用いる必要があります。それが「データ型」と呼ばれるものです。数値は「数値型」、文字列は「文字列型」に含まれ、データ型に応じて利用できる命令や処理の結果が変わります。

Pythonで使う主なデータ型は次の通りです。数値型は、さらに整数だけを扱う「整数型」や小数を扱う「浮動小数点数型」などに分かれます（**図3**）。

数値	整数型（int型）
	浮動小数点数型（float型）
	複素数型（complex型）
文字列	文字列型（str型）
真偽値	ブール型（bool型）

⬆️**図3** Pythonで使う基本的なデータ型

□命令によって対応は異なる

数値と文字列の違いを、ほかの算術演算子でも試してみましょう。文字列同士で引き算をしてみます。

```
'3' - '4'
```

このコードを実行すると、エラーが表示されるでしょう（**図4**）。エラーメッセージを読むと、数字（str型）同士の引き算はサポートされていないようです。

```
>>> '3' - '4'                          文字列同士の引き算はエラーになる
Traceback (most recent call last):
  File "<stdin>", line 1, in <module>
TypeError: unsupported operand type(s) for -: 'str' and 'str'
```

⬆️**図4** 引き算「'3' - '4'」を実行するとエラーになる。数字（str）と数字（str）の引き算はサポートされていないというメッセージが表示されている

このように、数字同士の演算は「+」演算子のみ有効で、「+」の場合だけ「文字列の連結」になります。

では、片方を数字ではなく数値にして、掛け算をしてみましょう。

```
'3' * 4
```

おやっ、エラーになりませんね。「'3333'」という結果になります（**図5**）。「*」演算子で文字列と数値を掛け合わせると、文字列を繰り返す回数を数値で指定したことになるわけです。

◎図5 「'3' * 4」の結果は「'3333'」。「'3'」を4回繰り返す結果となる

「なぜ、足し算と掛け算だけ……」と思われるかもしれませんが、これは深く考えても仕方がありません。「Pythonは、このように作られている」と考え、この2つの演算子をうまく利用すればよいだけです。

 本来、算術演算子は、数値を演算するためにあります。そう考えると、文字列の連結や繰り返しに利用するのはおかしな話です。しかし、このように「演算子に本来の機能とは別の機能を追加すること」を「演算子のオーバーロード（演算子の多重定義）」と呼び、オブジェクト指向プログラミングの世界では、よく用いられています。

Python Programming

第2章 データ型と変数

02 「変数」を使う

　プログラミングにおいては、データの種類、すなわち「データ型」を意識する必要があることは理解できたと思います。このデータを入れる"箱"のようなものを「変数(へんすう)」と呼びます(**図1**)。データを一時的に保存するために名前を付けたメモリー領域のことです。変数を使うと、同じ値を繰り返し利用したり、同じ処理を値を変えて実行したりと、より複雑なプログラムを効率良く作成できるようになります。変数は、プログラミングに欠かせないものの1つです。

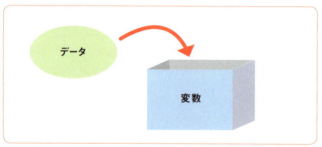

↑図1 「変数」はデータの入れ物

　変数を利用するときは、変数の名前(変数名)を決めます。変数名のように「識別するための名前」を「識別子」とも呼びます。例えば、「x」という名前の変数を用意して、この変数「x」を「3」にするには、次のように記述します。

```
x = 3
```

　このように、変数の値を決めることを「変数に値を代入する」といいます。この「=」は「等しい」という意味ではなく、「右の値を、左の変数に入れる」という意味を持つ「代入演算子」です。箱に値を入れる様子をイメージするとわかりやすいでしょう(**図2**)。

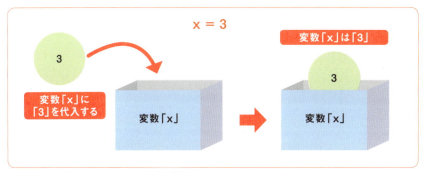

⬆図2 「x = 3」というコードで変数「x」に「3」を代入できる

　Anaconda PromptでPythonのインタラクティブシェルを起動し、実際に変数「x」に「3」が代入されている様子を確認してみます。「x = 3」「print(x)」という2つのコードを順番に実行して、出力結果を見てみましょう（**図3**）。

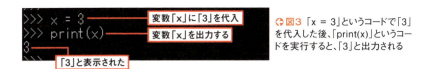

⬆図3 「x = 3」というコードで「3」を代入した後、「print(x)」というコードを実行すると、「3」と出力される

　ちなみに、「3」は整数なので整数型（int型）です。そのため、「3」が入っている状態の変数「x」も、整数型（int型）になります。

変数に文字列を入れる

　続いて、変数に文字列を代入してみましょう。例えば「apple」という名前の変数に「りんご」という文字列を入れるには、次のコードを実行します。

```
apple = 'りんご'
```

　文字列を指定するために、「'」（シングルクォーテーション）でくくっている点に注意してください。変数に値が代入されると、print関数で出力したり、計算に利用したりできます（次ページ**図4**）。

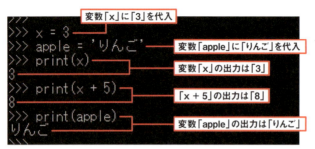

⬆ 図4 変数「x」に「3」という数値、変数「apple」に「りんご」という文字列を代入し、print関数で出力した。変数「x」は数値なので、計算もできる

注意したいのは、==変数への代入は値のコピーであって、値の移動ではありません==。そのため、変数から別の変数へと値を代入しても、元の変数の中から値が消えてしまうわけではありません（**図5**）。ただし、==新しい値が代入されると、変数に入っていた以前の値は上書きされて消えます==。図5では変数「apple」の「りんご」は上書きされて「赤」に変わっています。

```
>>> apple = 'りんご'
>>> color = '赤'
>>> apple = color
>>> print(apple)
赤
>>> print(color)
赤
```

- 変数「color」に「赤」を代入
- 変数「apple」に変数「color」を代入して上書き（変数「color」の「赤」を、変数「apple」にコピー）
- 変数「apple」の出力は「赤」
- 変数「color」の出力も「赤」

⬆ 図5 変数に別の値を代入すると、元の値は上書きされて消える。ただし、別の変数に値を代入しても、元の変数の値はコピーされるだけで消えない

☐変数名を付けるときのルール

ここでは「x」「apple」「color」という変数名を利用してきましたが、変数の名前には、次のような命名規則があるので注意してください。

1. 1文字目は、半角の英文字、またはアンダースコア（ _ ）を使う
2. 2文字目以降は、半角の英文字、数字、またはアンダースコア（ _ ）を使う
3. 大文字と小文字を区別する

また、変数名にPythonの"キーワード"は使用できません。Pythonのキーワードとは、文法的に意味のある単語のことです。Pythonには、次のようなキーワードがあります（**図6**）。

and	del	if	pass
as	elif	import	raise
assert	else	in	return
async	except	is	True
await	False	lambda	try
break	finally	None	while
class	for	nonlocal	with
continue	from	not	yield
def	global	or	

🔍 **図6** Pythonのキーワード。これらはあらかじめ意味を持つ単語なので、変数名には使えない

Memo

Pythonの**変数名は、小文字の単語を使うのが慣例**です。また、複数の単語を組み合わせるときは、**アンダースコア（ _ ）で単語を区切ります**。このような方式を「スネークケース」と呼びます。スネークケースでは、「address_book」「word_list」のように単語と単語をアンダースコアで接続します。

第2章 データ型と変数

03 Pythonにおける「文字列」とは

　第2章では、プログラミングに必要な予備知識として、データ型と変数について学んできました。最後に、コンピューターが「文字」をどのように扱っているかを確認しておきましょう。

□コンピューターにとっての「文字」とは

　コンピューターが文字を扱うときは、アルファベットや数字、記号に「文字コード」と呼ばれる番号を付けて管理します。この文字と番号の対応表を「文字コード表」といいます。例えば、「ASCII（アスキー）」という文字コードでは、「A」「B」「C」「D」…の文字に次のような番号が振られています（**図1**）。

文字	10進数	16進数
A	65	0x41
B	66	0x42
C	67	0x43
D	68	0x44

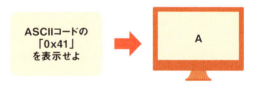

↑**図1** ASCIIコードにおける文字コード表の一部

　文字コードには、世界中に数多くの種類があり、日本で使われている主な文字コードだけでも数種類あります（**図2**）。

□Pythonの文字コードは「UTF-8」

　文字コードの基本を押さえたところで、Pythonの話に戻りましょう。Python（バージョン3系）では、標準の文字コードとして「UTF-8（ユーティーエフ・エイト）」を使います。試しに、Pythonで文字コードを扱うプログラムを動かしてみましょう。まずは、「あ」という文字の番号を調べてみます。

ASCII	英語圏、ヨーロッパなどで用いられる、最も多くのコンピューターで利用される文字コード
ISO-2022-JP	通称「JISコード」と呼ばれ、JIS X 0211、JIS X 0201のラテン文字、ISO 646の国際基準版図形文字、JIS X 0208など、複数の文字コードをまとめた規格
EUC-JP	UNIX（ユニックス）系のOSで日本語の文字を扱うときに利用する文字コード
Shift_JIS	マルチバイト文字と1バイト文字の混在を可能とする文字コード。現在は、扱える文字を増やしたWindows-31JやCP932などの亜種が利用されることが多い
UTF-8	Unicode（ユニコード）と呼ばれる規格の中で、バイト単位で符号化する方式。Unicodeは、すべての文字を共通に利用できるように考えられたマルチバイトで構成される文字コード。現在はWindows、Mac、Linuxなど多くのOSがサポートする

◯図2 日本で使われている主な文字コード

文字コードの違いで、変な文字や記号が表示されてしまうことを「文字化け」といいます。例えば、Webブラウザーは通常、Webページの文字コードを自動判別しますが、判別するためのデータや文字数が少ないと、正しく判別できずに文字化けになります。そのような場合は、ブラウザーのメニューで文字コードを設定すると正しく表示されるようになります。

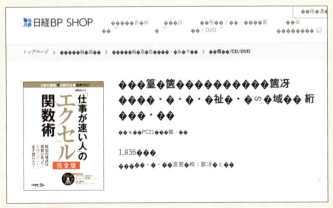

文字化けの例

Anaconda Promptを起動してPythonのインタラクティブシェルを起動したら、次のように入力してください。

```
'あ'.encode()
```

入力して「Enter」キーを押すと、次のように表示されます（**図3**）。

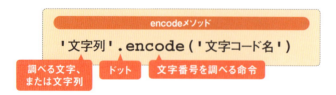

◆ **図3** Pythonを起動して、「あ」という文字の番号を調べる命令を入力して実行したところ

　出力された結果を見て面食らうかもしれません。最初の「b」は、「バイト（bytes）データ」という意味で「バイト型」を表現しています。その後ろの「'」から最後の「'」で囲まれたものが、「あ」という文字のバイト型データです。その中の「¥x」は16進数であることを表し、その後ろが1バイト分の数値。つまり、「あ」という文字は16進数で「e3、81、82」という3バイトの番号で表現されているということになります。

　このように、ある文字の番号を知りたいときは、「encode」という命令（メソッド）を使います。かっこの中の文字コード指定を省略して「encode()」のように書くと、UTF-8の文字番号を表示します。

Memo　Python 2系の標準文字コードは ASCIIだったため、日本語を扱う際は、文字コードを宣言しなければいけませんでした。現行の<u>Python 3系は、標準文字コードがUTF-8</u>なので、文字コードの宣言を省略できます。

□「文字」と「文字列」

文字の正体が、文字コードと呼ばれる文字の番号であることはわかりました。そして、複数の文字の並びのことを、コンピューターの世界では「文字列」と呼んでいます。例えば「あ」は文字ですが、「日経」は文字列です。この「日経」という文字列がどのような番号の並びなのかを見てみましょう。

Anaconda Promptで「'日'.encode()」「'経'.encode()」「'日経'.encode()」という3つの命令を実行してみてください(**図4**)。

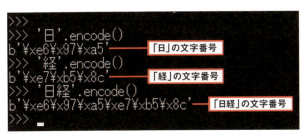

⬆図4 「日」「経」「日経」という文字と文字列の番号をそれぞれ調べた結果

「日経」という文字列の番号が、「日」の番号と「経」の番号をつなげたものだとわかります。この結果からも、文字列が連続した文字番号の並びであることがわかります。

□Pythonにとっての文字列

Pythonは、文字列を「strオブジェクト」として扱います。英語の「オブジェクト(object)」は「物、対象」を意味する言葉です。<mark>プログラミングでは、処理対象になるデータと、そのデータの振る舞い(処理や操作の内容)をまとめたものをオブジェクトと呼びます。</mark>この章の前半で「文字列型(str型)」などの「データ型」を

紹介しましたが、Pythonでは、データ型とオブジェクトを同じように理解してよいでしょう。

　Pythonにおけるオブジェクトは、データとそのデータを操作する「メソッド」を持ちます。strオブジェクトなら、データは「文字番号の並び」になり、メソッドは「その文字列を扱う処理や動作」になります（**図5**）。

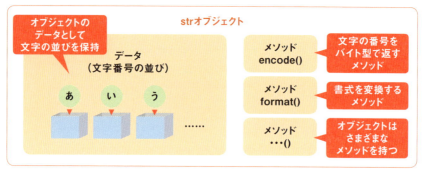

⬆ 図5　strオブジェクトのイメージ

　例えば、先ほどの「あ」や「日経」もstrオブジェクトなので、encodeメソッドを持っています。つまり「'あ'.encode()」というコードは、「あ」というデータを保持するstrオブジェクトのencodeメソッドを実行しているというわけです。

　このように、オブジェクトが持っているメソッドを実行するときは、上の構文を使います。この構文はPythonプログラミングの基本となる形ですので、よく覚えておいてください。

Column

文字の中には、「エスケープシーケンス」と呼ばれる、特別な働きをする文字があります。主なエスケープシーケンスは以下の通りです。

文字	意味
¥	¥の後ろの改行を無視（改行後もひと続きのコードと見なす）
¥¥	¥記号の表示
¥'	シングルクォーテーションの表示
¥"	ダブルクォーテーションの表示
¥a	ビープ音
¥b	バックスペース
¥f	改ページ（コマンドプロンプトでは正しく表示できない）
¥n	改行
¥r	復帰
¥v	垂直タブ（コマンドプロンプトでは正しく表示できない）
¥N{name}	Unicode データベース中で name という名前の文字
¥uxxxx	16ビットxxxx（16進数）に対応するUnicode文字
¥Uxxxxxxxx	32ビットxxxxxxxx（16進数）に対応するUnicode文字

最もよく利用するエスケープシーケンスが、改行を表す「¥n」でしょう。「¥」記号は、利用環境によってはバックスラッシュ（\）になります。例えば、文字列の中に「¥n」を3回入れると、その部分で3回改行します。

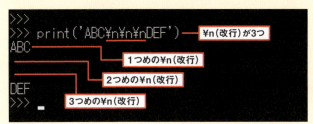

⬅ 「print」の命令で「¥n」（改行）を出力させた例

練習 Practice

表示される文字列はどうなる?

Pythonのインタラクティブシェルで右のコードを順番に実行した場合、どのような結果になるでしょうか? 次の3つの中から選んでください。

```
a = 2000
b = '20'
c = '年'
d = '東京'
a = b + c
print(a + '\n\n' + d)
```

①
2020年
東京

②
20年

東京

③
20年

東京

A 「Anaconda Prompt」でPythonのインタラクティブシェルを起動し、上のコードを順番に実行していくと、変数「a」の中には、変数「b」の「20」という文字列と、変数「c」の「年」という文字列を結合した「20年」という文字列が代入されます。従って、print関数で最初に出力されるのは「20年」ですが、これに続いて「\n」というエスケープシーケンス2つと、変数「d」の「東京」という文字列が「+」演算子で結合されています。1つめの改行は「20年」という文字列の行を改行し、続けて2つめの改行により空の行ができるので、下図のように出力されます。つまり、正解は❷です。

```
Anaconda Prompt - python
>>> a = 2000
>>> b = '20'
>>> c = '年'
>>> d = '東京'
>>> a = b + c
>>> print(a + '\n\n' + d)
20年

東京
>>>
```

Python Programming

第3章

プログラムの流れを制御する

01 プログラムをファイルに保存する
02 ファイルを呼び出して実行する
03 入力を受け付けて計算する
04 値で処理を切り分ける
05 比較演算子と論理演算子
06 肥満度判定プログラムの完成

── この章で学ぶこと ──

● プログラムの保存と実行
● キーボードからの入力を促す
● if構文で条件を判定する
● 条件分岐のいろいろな方法

Python Programming

第3章 プログラムの流れを制御する

01 プログラムをファイルに保存する

　前章までは、Pythonのインタラクティブシェルを使って、プログラムのコードを1行ずつ入力して実行してきました。しかしプログラムの行数が増えると、そのつど入力するのは大変です。また繰り返し利用することもできません。そのためプログラムは、ファイルとして保存するのが一般的です。この章ではまず、プログラムをファイルに記述して保存する方法を学んでおきましょう（**図1**）。

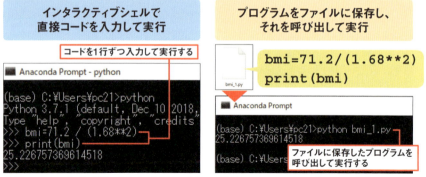

↑**図1** Pythonのプログラムを入力・実行する方法は2通りある。インタラクティブシェルで直接コードを入力して実行することもできるが、プログラムをファイルとして保存し、それを呼び出して実行するほうが、長いプログラムも効率良く作成・管理・実行できる

　プログラムファイルの作成には、文字編集用のテキストエディターを利用するのが一般的です。どのようなソフトでも構わないのですが、Windowsに付属する「メモ帳」は避けたほうがよいでしょう。前の章で説明した通り、Pythonは「UTF-8」形式を標準の文字コードとしています。メモ帳でもUTF-8でファイルを保存できますが、BOM（バイト・オーダー・マーク）と呼ばれるデータがファイルの先頭に付くので問題が生じる場合があります。ファイルを保存するとき「UTF-8（BOMなし）」を選択できるテキストエディターを使いましょう。

■エディター「Atom」をインストール

ここでは、プログラミング用途でよく使われる「Atom（アトム）」というテキストエディターを利用することにします。無料でダウンロードできるので、インストールしてみましょう（**図2～図4**）。初期設定では英語表示ですが、日本語化して使うこともできます（**図5、図6**）。

↑**図2** 上記URLの公式サイトから、「Atom」のセットアッププログラムをダウンロード（❶）。ダブルクリックして実行すると（❷）、インストールが始まる

↑**図3** インストールが終わると自動でAtomが起動する。初回起動時は、いくつかの案内画面が表示されるが、これらは閉じてしまって構わない。毎回表示されないようにするには、「Welcome Guide」タブではポップアップで「No, Never」をクリック（❶❷）。「Welcome」タブでは「Show Welcome Guide…」のチェックを外してタブを閉じる（❸❹）

⊙図4 「Telemetry Consent」タブでは、「No, I don't want to help」ボタンをクリックして閉じる

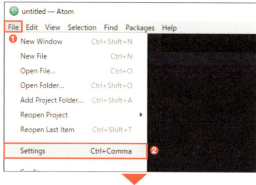

⊙⊙図5 余計なタブを閉じたら、「File」メニューの「Settings」を選択(❶❷)。開いたタブの左側で「Install」を選び(❸)、検索ボックスに「Japanese-menu」と入力(❹)。表示された同名のパッケージを「Install」ボタンをクリックしてインストールする(❺)

第3章 プログラムの流れを制御する

46

○ 図6 インストールが終わると、メニューが日本語表示に変わる。これで日本語化できたので、「設定」タブは閉じて構わない

Memo　Atomを起動していないときは、スタートメニューの「GitHub, Inc」の中にある「Atom」を選択して起動してください。

□肥満指数（BMI）を求めるプログラム

Atomの準備が整ったら、早速、プログラムを書いてファイルとして保存してみましょう。ここではまず、「BMI指数を求めるプログラム」を作ってみます。BMIは「Body Mass Index」の略で、身長と体重から算出される肥満度を表す指数のことです。一般的には、25以上が肥満と判定されます。BMIを求める計算式は、次のようになります。

肥満指数（BMI）＝ 体重 kg ÷（身長 m × 身長 m）

手始めに、Atomのエディター画面に次の2行のコードを入力してください。

プログラムをAtomのエディター画面に入力したら、「ファイル」メニューの「保存」を選び、適当な場所に保存します。ここでは「ドキュメント」フォルダーに「bmi_1.py」という名前で保存しました（**図7、図8**）。

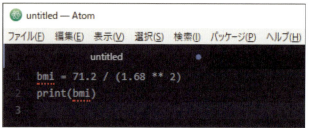

図7 Atomのエディター画面に、BMIを計算するプログラムを入力。ここでは体重71.2kg、身長1.68mという数値を直接入力した形にしている

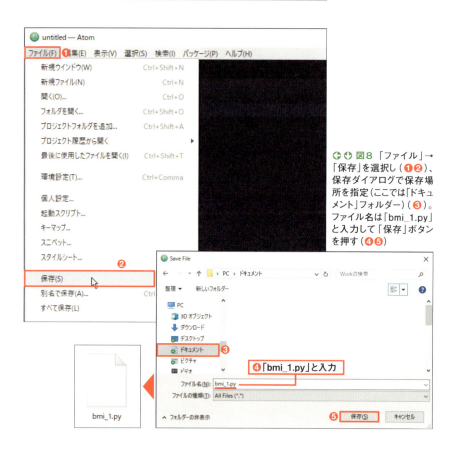

図8 「ファイル」→「保存」を選択し（❶❷）、保存ダイアログで保存場所を指定（ここでは「ドキュメント」フォルダー）（❸）。ファイル名は「bmi_1.py」と入力して「保存」ボタンを押す（❹❺）

ここでプログラムファイルの拡張子として「.py」と入力している点に注目してください。Pythonのプログラムファイルには、「.py」という拡張子を付けることになっています。ファイル名は半角の英数字または記号を使うようにしましょう。なお、「_」は「Shift」キーを押しながら「ろ」のキーを押すことで入力できます。

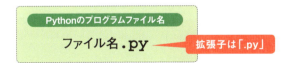

Atomでプログラムファイルを保存すると、画面左側に「Project」というフォルダーやファイルの管理画面が開きます。必要がないときは、境目にマウスポインターを移動すると表示される「＜」をクリックすることで、閉じることができます。

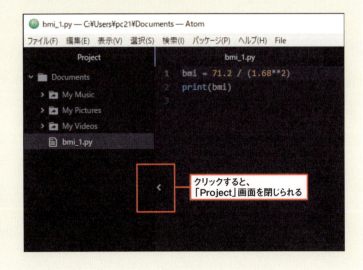

第3章 プログラムの流れを制御する

02 ファイルを呼び出して実行する

　ファイルに保存したPythonのプログラムは、前の章でも利用した「Anaconda Prompt」で実行することができます。早速、Anaconda Promptで実行してみましょう。

　Anaconda PromptでPythonのインタラクティブシェルを利用する際、初めに「python」と入力して「Enter」キーを押していたことを思い出してください。Anaconda Promptでは、「python」という命令で、Pythonのインタラクティブシェルを起動できました。

　一方、Pythonのプログラムをファイルから実行する場合は、この「python」という命令に続けて、そのプログラムファイル名を指定します。「python」とファイル名の間は半角スペースで区切ります。

プログラムファイルを実行する

```
python ファイル名.py
```

　それでは、Anaconda Promptを起動して、先ほどの「bmi_1.py」を実行してみましょう。

```
python bmi_1.py
```

のように入力して「Enter」キーを押すと、次のようなエラーメッセージが表示されたのではないでしょうか（**図1**）。

```
■ Anaconda Prompt

(base) C:\Users\pc21>python bmi_1.py
Python: can't open file 'bmi_1.py': [Errno 2] No such file or directory

(base) C:\Users\pc21>_
```

↑図1 Anaconda Promptでプログラムファイルを指定してPythonを実行したところ、「ファイルを開けません」という意味のエラーメッセージが表示された

「No such file or directory」は「そのようなファイルやフォルダーはありません」という意味です。つまり、「bmi_1.py」というプログラムファイルが見つからないので、実行できないというわけです。

実は、Anaconda PromptでPythonのプログラムファイルを実行する場合、そのファイルは「カレントディレクトリ」にある必要があります。カレントディレクトリは「現在のフォルダー」という意味で、Anaconda Promptが今、作業対象としているフォルダーのことです。「>」というプロンプトの手前に記された「C:\Users\pc21」というのがそれ(**図2**)。プログラムファイルがこのフォルダーにあれば、「python bmi_1.py」とだけ入力して実行できるのですが、ほかの場所にあるときは、そのままでは実行できません。

↑図2 「>」の手前に表示されているのがカレントディレクトリ(現在の作業場所)

□パスを指定して実行する

カレントディレクトリとは別のフォルダーにあるプログラムを実行するには、2つの方法があります。

1つは、プログラムファイルを指定するときに、そのファイルのあるフォルダーの「パス」を含めて指定する方法です。パス(path)とは、フォルダーをたどる順番を示す文字列のこと。Windowsでは「\」記号でフォルダー名を区切ります。簡単なのは、エクスプローラーでフォルダーを開き、アドレスバーの右の余白をクリックして確認する方法です(次ページ**図3**)。そのままコピーして利用できます。

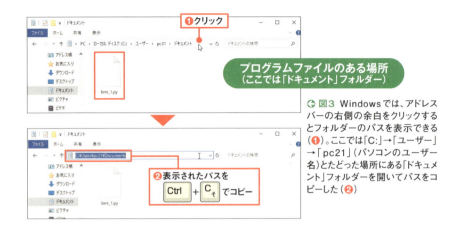

図3 Windowsでは、アドレスバーの右側の余白をクリックするとフォルダーのパスを表示できる（❶）。ここでは「C:」→「ユーザー」→「pc21」（パソコンのユーザー名）とたどった場所にある「ドキュメント」フォルダーを開いてパスをコピーした（❷）

　フォルダーのパスをコピーしたら、「python」に続けて半角スペースを入れ、その後にパスを貼り付けます。「Ctrl」+「V」キーで貼り付けるとよいでしょう。さらに「¥」を付けた後にプログラムのファイル名を入力します。これで「Enter」キーを押せば、プログラムを実行できるはずです（図4）。

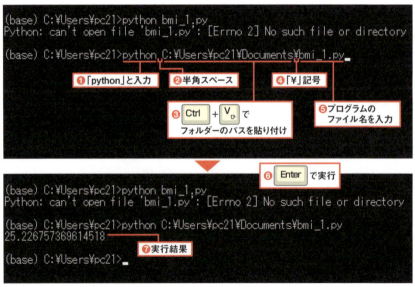

図4 カレントディレクトリ以外の場所にあるプログラムファイルは、パスを付けて指定することで実行できる（❶～❼）

なお、「python」に続けて半角スペースを入れた後、エクスプローラーからAnaconda Promptの画面にプログラムファイルをドラッグ&ドロップする方法もあります。すると、ドラッグ&ドロップしたファイルのパスを、自動入力できるので簡単です。

□カレントディレクトリを変更する

カレントディレクトリにないプログラムファイルを実行するもう1つの方法は、カレントディレクトリ自体をプログラムのあるフォルダーに変更することです。Anaconda Promptでカレントディレクトリを変更するに、「cd」というコマンドを使います。

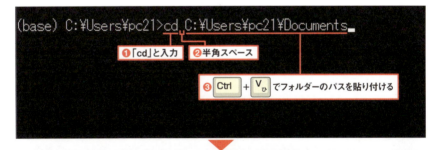

例えば、図3でコピーしたパスを「cd」コマンドの後ろに貼り付けて「Enter」キーを押せば、そのフォルダーがカレントディレクトリに変わります（**図5**）。

↑図5 「cd」コマンドを使うと、パスで指定したフォルダーにカレントディレクトリを変更できる（❶～❺）

こうしてプログラムファイルのある場所がカレントディレクトリになったら、「python」に続けてファイル名を指定するだけで、プログラムを実行することができます（**図6**）。

⬆ **図6** カレントディレクトリを変更して、そこにある「bmi_1.py」を実行した様子。カレントディレクトリにあるファイルは、ファイル名を指定するだけで実行できる（❶❷）

　いかがでしょうか。「○○.py」という形式でファイルに保存したPythonのプログラムを実行する方法がわかりましたね。これからPythonのプログラムを作成して保存し、実行する際の基本操作なので、覚えておいてください。

> Anaconda Promptで「cd」コマンドを使い、カレントディレクトリを移動するとき、変更先のフォルダーが別ドライブにあるときは注意が必要です。その場合は「cd」コマンドに「/d」というオプションを付けて次のように指定します。
>
> ```
> cd /d フォルダー名またはパス
> ```
>
> 例えば、現在のカレントディレクトリがCドライブ上にあるとき、Eドライブの直下にある「work」フォルダーに移動するには、次のように入力します。
>
> ```
> cd /d E:\work
> ```

第3章 プログラムの流れを制御する

入力を受け付けて計算する

　さて、BMIを計算するプログラムをファイルとして保存する方法、そしてそのファイルを指定して実行する方法はわかりました。次は、プログラムに手を加えて、より実用的なものにしていきましょう。プログラムはファイルに保存済みなので、ファイルを再編集することで改良していくことができます。

▢「input」関数で数値を入力する

　前のパートで作成したBMIを計算するプログラムは、プログラムの中に直接、身長と体重の数値を入力していました。これでは、別の人のBMIを計算するとき、いちいちプログラムファイルを開いて身長と体重を変更しなければなりません。
　スマホのアプリなどで、BMIの計算機能を持つものを想像してみてください。通常のアプリなら、アプリを起動すると身長と体重の入力欄が現れ、そこに数値を入力するとBMIが計算されるといった仕掛けになっていることでしょう。
　そこで次に、プログラムを実行すると、身長と体重の入力を促され、キーボードから数値を入力すると、BMIが計算されるようにします。Pythonのプログラムでキーボード入力を行うには「input（インプット）」という関数を利用します。

```
input関数
input('入力を促すメッセージ文字列')
```

　ここで「関数」について触れておきましょう。Excelにもセルに入力して使うSUM関数などがありますが、プログラミングの世界でいう「関数」も、基本的には同じようなものです。処理対象とする値や処理の仕方などを「引数（ひきすう）」に指定すると、処理した結果が返されます。関数が結果を出すことを「戻す」や「返す」と表現し、その結果を「戻り値」や「返り値」といいます（次ページ図1）。

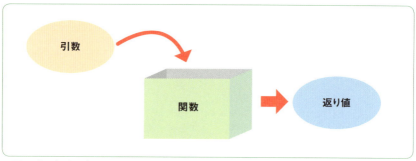

↑図1 プログラミングにおける関数のイメージ

　Pythonのinput関数は、引数に指定した文字列をメッセージとして表示してキーボードからの入力を受け付け、入力された文字列を返します。そのため、入力された文字列を後で利用するために、いったん変数に代入して利用するとよいでしょう。

```
input関数
変数 ＝ input('入力を促すメッセージ文字列')
```
キー入力された文字列（返り値）が代入される変数

　注意しなければならないのは、ここで変数に代入されるのは「文字列」なので、「数値」として計算するには「int（イント）」関数や「float（フロート）」関数で、整数や浮動小数点数に変換する必要があることです。

```
int関数
変数 ＝ int(整数に変換する文字列、または変数など)
```
int型の整数が代入される

```
float関数
変数 ＝ float(浮動小数点数に変換する文字列、または変数など)
```
float型の浮動小数点数が代入される

これらを使って、前のパートで作成したプログラムを、身長と体重が入力できるように変更しましょう。なお身長は、cm単位で入力できるようにします。

bmi_2.py

```
weight = input('体重(kg)を入力:')   ── 体重を入力させる（変数に文字列が入る）
height = input('身長(cm)を入力:')   ── 身長を入力させる（変数に文字列が入る）
weight = float(weight)              ── 体重(文字列)を浮動小数点数(float型)に変換
height = float(height) / 100        ── 身長(文字列)を浮動小数点数(float型)に変換
                                       （100はint型だが、演算時にfloat型に変換される）
bmi = weight / (height**2)          ── BMIを計算
print(bmi)   ── BMIを表示
```

このようにプログラムを変更し、「bmi_2.py」という名前で保存し直しましょう。できたらAnaconda Promptを起動し、実行してみます（**図2**）。なお、カレントディレクトリはプログラムファイルのある場所に変更しています。

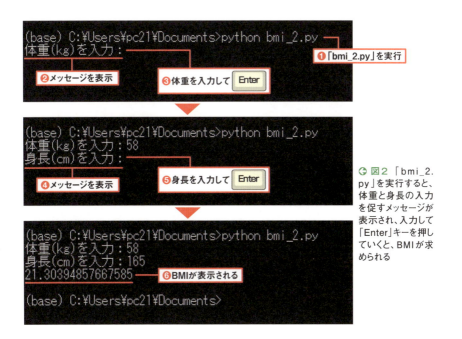

⊙ 図2 「bmi_2.py」を実行すると、体重と身長の入力を促すメッセージが表示され、入力して「Enter」キーを押していくと、BMIが求められる

□関数を入れ子にしてコードを短縮

これで、入力した値でうまくBMIを計算できるようになりましたが、「文字列を変数に入れる」→「浮動小数点数に変換する」という2段階のコードを書くのが面倒なら、次のようにまとめて書くこともできます。

bmi_3.py

```
weight = float(input('体重(kg)を入力:'))
height = float(input('身長(cm)を入力:')) / 100
bmi = weight / (height**2)
print(bmi)
```

input関数を使って入力させる「input('体重(kg)を入力:')」という部分をそっくりfloat関数の引数(かっこで囲んだ部分)に指定して、その結果を変数に入れるようにまとめたわけです。

```
weight = │ input('体重(kg)を入力:') │
                    ↓ いったん変数に入れるのではなく、直接引数に指定
weight = float(weight)
                    ↓
weight = float(input('体重(kg)を入力:'))
```

このように入れ子にして1行にまとめたコードは、いったん変数に入れて2行に分けて書いたコードよりも、一見すると複雑に見えます。しかし、このように変数への代入を省略することで、処理スピードが上がり効率の良いプログラムになるメリットがあります。

為替レートを基に日本円をドルに換算する

日本円をドルに換算できるプログラムを作ります。「日本円を入力:」と表示してキーボードから金額の入力を促し、続けて「1ドルは何円?:」と表示して現在の為替レートを入力させます。すると、日本円の金額をドルに換算して表示できるようにしてみましょう。

```
(base) C:\Users\pc21>python jpy_usd.py
日本円を入力：35000        ─┐ 日本円と
1ドルは何円？：111.14      ─┘ 為替レートを入力
314.918121288465          ── ドルに換算

(base) C:\Users\pc21>
```

A BMIの計算プログラムと同様、まずinput関数でキーボードからの入力を促します。その結果は文字列なので、float関数で数値に変換し、計算したうえでprint関数で出力します。日本円をドルに換算するには、日本円をドルの為替レート（1ドル何円か）で割ればOKですね。従って、次のようなコードになります。

jpy_usd.py

```python
jpy = float(input('日本円を入力:'))
usd = float(input('1ドルは何円?:'))
ans = jpy / usd
print(ans)
```

第3章 プログラムの流れを制御する

04 値で処理を切り分ける

　ひとまず、入力した身長と体重を基に、BMIを計算するプログラムはできました。しかし、BMIを求める目的は、その指数が表す肥満度を知るためでしょう。現在のプログラムは、BMIを数値でしか示さないので、自分が実際に肥満に当たるのかどうかわかりません。そこで次は、この肥満度の判断を、コンピューターにさせましょう。

　世界保健機関（WHO）では、BMIに応じた肥満度を次のように判定しています（**図1**）。

肥満指数（BMI）	肥満度
18.5未満	低体重
18.5以上25未満	普通体重
25以上30未満	前肥満
30以上	肥満

◯**図1** WHOによる肥満度の分類（さらに細かく分ける場合もある）

　これを基に、最初は「もしBMIが18.5未満なら、『低体重』と表示する」というプログラムを考えてみましょう。

□if構文を利用する

　この「もし〜なら、〜する」というプログラムを作るには、「if（イフ）」の構文を使います。条件が成り立つかどうかを判定して、成り立つ場合にのみ、特定の処理を実行するための構文です。次のような書式で入力します。

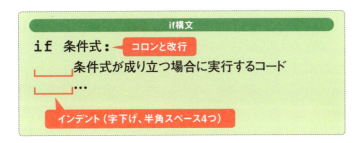

　if構文では、ifキーワードに続けて半角のスペースを入れ、「条件式」を指定します。条件式の後ろに半角のコロン(:)を入力して改行してください。改行したら、次の行の先頭には半角スペースを4つ入れて字下げします（インデント）。字下げした位置に「条件式が成り立つときに実行するコード」を書きます。このように、インデントが付いている字下げした部分を「ブロック」と呼びます。

　if構文を用いて、「もしBMIが18.5未満なら、『低体重』と表示する」というプログラムを書いてみます。BMIの数値が変数「bmi」に代入されているものとした場合、次のようになります。

　最初にifキーワードと半角スペースを入力。そして次の「bmi < 18.5」の部分が「条件式」です。条件式は「変数bmiの値が、18.5未満か?」を「<」（小なり演算子）で表しています。条件式の後ろの「:」（コロン）と改行は、if構文のブロックが次の行から始まることを表しています。

　改行したら、行の先頭にインデントを入れ、条件式が成り立つ場合に実行する「print('低体重')」というコードを書きます。通常インデントは、半角スペース4つです。この半角スペースの数も重要なので注意してください。Pythonでは、インデント幅が同じコードは、同じブロックのコードと見なされます。

それでは、このif構文のコードを、前出の「bmi_3.py」(58ページ)に追加して実行してみましょう。「print(bmi)」とあった場所に先ほどのコードを追加して、「bmi_4.py」という別名で保存します。

bmi_4.py

```
weight = float(input('体重(kg)を入力:'))
height = float(input('身長(cm)を入力:')) / 100
bmi = weight / (height**2)
if bmi < 18.5:
    print('低体重')
```

「print(bmi)」の代わりに追加したコード

このプログラムを実行してみましょう。体重71.2kg、身長168cmと入力すると何も表示されませんが、体重50kg、身長168cmと入力すると、「低体重」と表示されます(**図2**)。

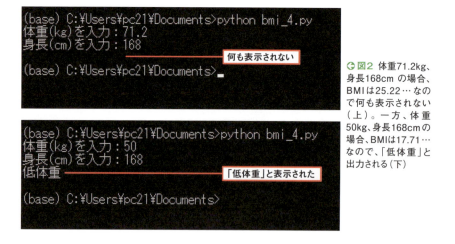

図2 体重71.2kg、身長168cmの場合、BMIは25.22…なので何も表示されない(上)。一方、体重50kg、身長168cmの場合、BMIは17.71…なので、「低体重」と出力される(下)

最初の体重と身長のBMIは「25.22…」なので「bmi < 18.5」は成り立ちません。そのため、print関数が実行されず、何も表示されません。2回目は、体重を50kgにしたのでBMIが「17.71…」となり、「bmi < 18.5」が成り立ちます。そこで、if構文の中のprint関数が実行され「低体重」と表示されたわけです。

□BMIの数値も表示させる

　先ほどのプログラム（bmi_4.py）は、結果の表示がいろいろと不親切です。「低体重」とは表示されるものの、具体的なBMIの数値は表示してくれません。数値を示したうえで、「低体重」かどうかを判定してくれるほうが実用的でしょう。次に、この点を改善します。

　BMIを表示するコードは「print(bmi)」でしたね。このコードをどこに追加するかが問題です。まずは、if構文の上に入れてみましょう。

bmi_5.py

```
weight = float(input('体重(kg)を入力:'))
height = float(input('身長(cm)を入力:')) / 100
bmi = weight / (height**2)
print(bmi)  ← 追加したコード
if bmi < 18.5:
    print('低体重')
```

　これを実行すると、BMIを表示した後に、それが18.5未満のときだけ「低体重」と表示するようになります（図3）。

```
(base) C:\Users\pc21\Documents>python bmi_5.py
体重(kg)を入力:71.2
身長(cm)を入力:168
25.226757369614518 ──── BMIの数値だけを表示

(base) C:\Users\pc21\Documents>
```

```
(base) C:\Users\pc21\Documents>python bmi_5.py
体重(kg)を入力:50
身長(cm)を入力:168
17.71541950113379 ──── BMIの数値に加え
低体重              「低体重」と表示

(base) C:\Users\pc21\Documents>
```

○図3　実行して体重と身長を入力すると、BMIを計算して数値を表示した後、18.5未満なら「低体重」と表示する

一方、「print(bmi)」をif構文のブロックの中に入れるとどうでしょう。試しに、if構文の中に入れて確認してみましょう。if構文のブロックにコードを入れるときは、必ずインデントを付ける必要があるので注意してください。

bmi_6.py

```
weight = float(input('体重(kg)を入力:'))
height = float(input('身長(cm)を入力:')) / 100
bmi = weight / (height**2)
if bmi < 18.5:
    print(bmi)        ← 追加したコード
    print('低体重')
```

　このプログラムを実行して体重71.2kg、身長168cmと入力すると、何も表示されなくなってしまいます（**図4**）。BMIは「25.22…」となり「bmi < 18.5」が成り立たないため、if構文の中のprint関数はどちらも実行されなくなってしまうためです。

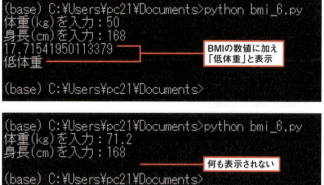

○図4「print(bmi)」をif構文の中に入れてしまうと、BMIが18.5未満の場合は数値と「低体重」が表示されるが（上）、18.5以上の場合に何も表示されなくなってしまう（下）

さらに、if構文のブロックの下に、インデントを付けずに「print(bmi)」と書くとどうなるでしょう。

bmi_7.py

```
weight = float(input('体重(kg)を入力:'))
height = float(input('身長(cm)を入力:')) / 100
bmi = weight / (height**2)
if bmi < 18.5:
    print('低体重')
print(bmi)   ── 追加したコード
```

このプログラムを実行して、体重71.2kg、身長168cmと入力してみましょう。BMIは「25.22…」なので、先ほどの図4と同様、「低体重」とは表示されません。ただしこの場合、BMIの数値そのものは表示されます（**図5**）。BMIを表示するコードは、if構文のブロックの外にあるため、BMIが18.5未満かどうかにかかわらず、常に実行されることになります。

◆図5 今度はBMIが18.5以上の場合でも、その数値だけは表示されるようになった

このように、if構文を使うときは、そのブロックに含めるべきものとそうでないものを区別して、書く場所を間違わないようにする必要があります。

□「else文」の追加

もう1つ、処理を加えてみましょう。現在のプログラムは、BMIが18.5未満のとき「低体重」と表示しますが、そうでないときは何も表示してくれません。そこで、BMIが18.5以上の場合に、「低体重ではありません」と表示するように改良します。

それには、if構文の条件式が成り立たないときに実行するコードを追加します。==「条件式が成り立たないときに実行する処理」は、「else（エルス）文」を使って指定します。==if構文のブロックに続けて、次のような書式で記述します。

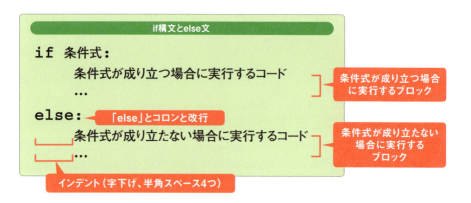

このelse文を使って、「もしBMIが18.5未満なら『低体重』と表示し、そうでなければ『低体重ではありません』と表示する」というプログラムに改良したのが、次の「bmi_8.py」です。実行結果は**図6**のようになります。

bmi_8.py

```python
weight = float(input('体重(kg)を入力:'))
height = float(input('身長(cm)を入力:')) / 100
bmi = weight / (height**2)
print(bmi)
if bmi < 18.5:
    print('低体重')
else:
    print('低体重ではありません')
```

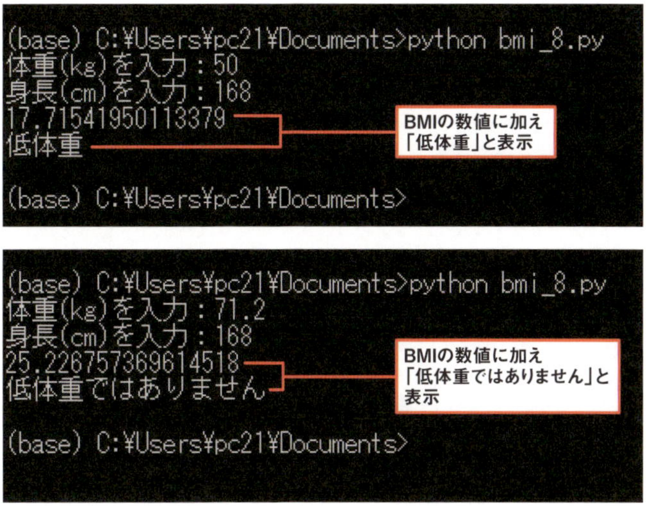

```
(base) C:¥Users¥pc21¥Documents>python bmi_8.py
体重(kg)を入力：50
身長(cm)を入力：168
17.71541950113379
低体重

(base) C:¥Users¥pc21¥Documents>
```

BMIの数値に加え
「低体重」と表示

```
(base) C:¥Users¥pc21¥Documents>python bmi_8.py
体重(kg)を入力：71.2
身長(cm)を入力：168
25.226757369614518
低体重ではありません

(base) C:¥Users¥pc21¥Documents>
```

BMIの数値に加え
「低体重ではありません」と
表示

○ 図6　上はBMIが
18.5未満の場合、下
はBMIが18.5以上の
場合。このように2つ
の表示を切り替えられ
るようになった

　こうして、BMIが18.5未満かどうかで表示を切り替えることができました。しかしながら、WHOの基準では18.5以上25未満が「普通体重」、25以上30未満が「前肥満」、30以上が「肥満」と、おおまかに4段階に分類されています。この分類に応じた表示を実現する方法を、次に考えていきましょう。

04

値で処理を切り分ける

前期比120%以上なら「目標達成」と表示する

前期売上と今期売上の数値を入力すると、前期比で何パーセントかを計算して表示し、前期比120パーセント未満なら「目標未達成」、120パーセント以上なら「目標達成」と表示するプログラムを作りましょう。なお、前期比の数値に単位（％）は付けなくて結構です。

A　まずinput関数で前期売上と今期売上の入力を促し、その結果をfloat関数で数値に変換します。前期比を割り算で計算したうえで100倍すれば、パーセント表示に相当する値を求められます。この値が120未満かどうかを判断し、当てはまれば「目標未達成」と表示するようにif構文を利用します。120未満という条件が当てはまらないときは120以上なので、そのときは「目標達成」と表示するように、else文を書きます。「bmi_8.py」とほぼ同じ形なので、簡単ですね。

growth.py

```
prev = float(input('前期売上を入力:'))
this = float(input('今期売上を入力:'))
growth = this / prev * 100
print(growth)
if growth < 120:
    print('目標未達成')
else:
    print('目標達成')
```

Python Programming

第3章 プログラムの流れを制御する

05 比較演算子と論理演算子

　BMIに応じた肥満度判定プログラムを作り込む前に、ここで「比較演算子」と「論理演算子」について学んでおきましょう。プログラムで「判定」をする際に、必要になるものです。

　比較演算子というと難しく感じるかもしれませんが、実は前出のプログラムでもすでに利用しています。BMIの数値が18.5未満かどうかを調べるのに「<」（小なり演算子）を使いましたが、これも比較演算子の1つです。比較演算子は、左右の値を比較して、その関係が成り立てば「True（トゥルー）」を、成り立たなければ「False（フォールス）」を返します。

　Anaconda PromptでPythonのインタラクティブシェルを起動して、確認してみましょう（**図1**）。

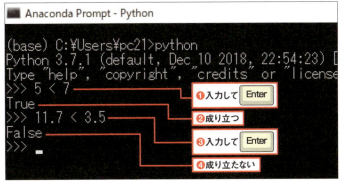

◆図1 「5 < 7」は成り立つので「True」、「11.7 < 3.5」は成り立たないので「False」を返す

　このように、比較演算子は成り立つと「True」を、成り立たないと「False」を返します。ちなみに、演算子の両端にある「演算子が作用する値」のことを「オペランド」と呼びます。

　比較演算子は、「<」（小なり）だけではありません。次ページ**図2**のようなものがあります。

演算子	使用例	意味
==	a == b	aがbと等しい
!=	a != b	aがbと等しくない
>	a > b	aがbより大きい
<	a < b	aがbより小さい
>=	a >= b	aがb以上（aがbと等しいか、bより大きい）
<=	a <= b	aがb以下（aがbと等しいか、bより小さい）

⬆図2 Pythonで利用する比較演算子

　一般的な数学記号では、「等しい」は「＝」、「等しくない」は「≠」を使いますが、Pythonでは「等しい」を「==」、「等しくない」を「!=」で表します。「以上」「以下」を表す「>=」と「<=」は、「>」や「<」に続けて「=」を入力します。すべて半角文字で入力するので注意してください。それぞれの比較演算子が返す値を確認してみましょう（**図3**）。

```
>>> 3 == 3
True
>>> 3 == 5
False
>>> 3 != 3
False
>>> 3 != 5
True
>>> 5 > 5.1
False
>>> 3 >= 3
True
>>> 3 > 3
False
>>> 3 >= 4
False
>>> 3 <= 3
True
>>> 3 < 3
False
>>> 3 <= 4
True
```

⬇図3 インタラクティブシェルで比較演算子を使ったいろいろな式を入力した例。式が成り立つ場合はTrue、成り立たない場合はFalseを返すことがわかる

このように比較演算子は演算の結果をTrueまたはFalseで返すことがわかります。このことから、if構文の「条件式」とは、式の結果がTrueかFalseかを判断する式であることがわかります。

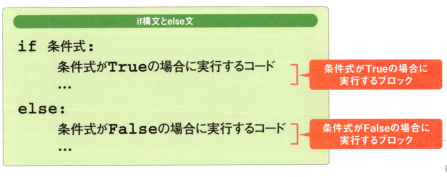

論理演算子とは

比較演算子のように条件を判断するとき利用する演算子として、論理演算子と呼ばれるものもあります。Pythonでは、図4のような論理演算子を用います。

演算子	使用例	意味
and	a and b	左から評価し、Falseと同等の項があればその時点でその項の値を返し、すべてTrueと同等であれば最後の項の値を返す
or	a or b	左から評価し、Trueと同等の項があればその時点でその項の値を返し、すべてFalseと同等であれば最後の項の値を返す
not	not a	aがTrueならFalse、aがFalseならTrueを返す

⬆図4 Pythonで使う論理演算子。「and」と「or」は、「a and b and c and …」のように複数の項をつないで使うこともできる

「and」と「or」は、いわゆる「〜かつ〜」「〜または〜」という判定によく使うものです。比較演算子で指定した複数の条件式を組み合わせて判定したいときに用います。

例えば、以下のようなand演算子の式はどのような結果になるでしょうか。

```
3 < 4 and 5 < 6
```

この場合、「3 < 4」と「5 < 6」のどちらも成り立つので、「True」が返ります。一方、

```
3 < 4 and 5 > 6
```

とした場合は、「3 < 4」は成り立っても「5 > 6」は成り立たないので、「False」が返ります。しかし、or演算子を使って

```
3 < 4 or 5 > 6
```

とした場合は、1つめの「3 < 4」が成り立った時点で「True」が返ります。

それぞれの論理演算子が返す値を確認してみましょう。**図5**では、論理演算子の2つの項として「True」と「False」を直接入力し、結果がどうなるかを試しています。

```
>>> True and True
True
>>> False and True
False
>>> True and False
False
>>> False and False
False
>>> True or True
True
```

```
>>> False or True
True
>>> True or False
True
>>> False or False
False
>>> not True
False
>>> not False
True
```

⬆**図5** インタラクティブシェルで論理演算子を使ったいろいろなパターンを入力してみた。返された結果を見比べよう

ちなみに、論理演算子のオペランドは「bool（ブール）型」（TrueかFalse）が基本ですが、bool型以外の値でも構いません。and演算子を使って、bool型以外の値を返すことを確認してみましょう（**図6**）。

○**図6** インタラクティブシェルで、bool型以外の値を論理演算子のオペランドに指定した例。数値や文字列がどう判定されるかを確かめられる。「空文字（空の文字）」を表す「''」（シングルクォーテーション2つ）は「False」と判断される

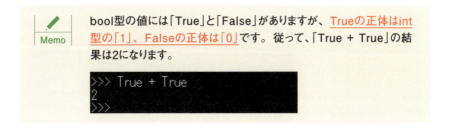

第3章 プログラムの流れを制御する

06 肥満度判定プログラムの完成

　比較演算子と論理演算子について理解できたところで、いよいよBMIに応じた肥満度判定プログラムを完成させましょう。前出のプログラムに、「低体重」以外の肥満度を判定する処理を追加します。

if構文のネスト

　まずは、普通体重の判定です。普通体重は、BMIが18.5以上25未満の場合でした。そこで、66ページの「bmi_8.py」に、次のようなif構文を追加します。赤字の部分が変更・追加したコードです。

bmi_9.py

```python
weight = float(input('体重(kg)を入力:'))
height = float(input('身長(cm)を入力:')) / 100
bmi = weight / (height**2)
print(bmi)
if bmi < 18.5:
    print('低体重')          # ❶「bmi < 18.5」が成り立つとき実行するブロック
else:
    if bmi < 25.0:
        print('普通体重')    # ❸「bmi < 25.0」が成り立つとき実行するブロック
    else:
        print('低体重でも、普通体重でもありません')  # ❹「bmi < 25.0」が成り立たないとき実行するブロック
# ❷「bmi < 18.5」が成り立たないとき実行するブロック
```

　このプログラムでは、if構文の中にさらにif構文があります。このような「ある構文の中に、同じ構文がある状態」を、「入れ子」とか「ネスト」と呼びます。

　最初のif構文の条件式は、bmiが18.5未満かどうかを判定しています。この条件式が成り立つ場合は、その下の❶のブロックが実行されます。そして、同

じインデントのレベルにあるelse文の❷のブロックは実行されません。

　一方、bmi が18.5以上だった場合は、❶のブロックは実行されず、else文による❷のブロックが実行されます。ただし、❷のブロックの中には、さらにもう1つのif構文があります。このif構文は、❷のブロック内のif構文なので、インデントを付けて❶のブロックと同じレベルに書きます。

　この2つめのif構文で、bmiが25未満かどうかを判定します。これが成り立てば、bmiは18.5以上でかつ25未満なので「普通体重」と表示します。これが❸のブロックです。2つめのif構文の中にあるので、❷のブロックの中でさらにインデントを付けていることに注目してください。全体としては、2レベル分（半角スペース8個分）字下げしています。

　そして、bmiが25未満でない場合は、bmiは25以上なので「低体重でも、普通体重でもありません」と表示します。これが❹のブロックです。やはり、❸のブロックと同じレベルへとインデントしています。

　これで、低体重と普通体重の判断ができました。同じようにif構文をネストしていくことで、bmiが25以上30未満なら「前肥満」、30以上なら「肥満」と判断させることができます。

bmi_10.py

```python
weight = float(input('体重(kg)を入力:'))
height = float(input('身長(cm)を入力:')) / 100
bmi = weight / (height**2)
print(bmi)
if bmi < 18.5:
    print('低体重')
else:
    if bmi < 25.0:
        print('普通体重')
    else:
        if bmi < 30.0:
            print('前肥満')
        else:
            print('肥満')
```

「bmi < 25.0」が成り立たないとき実行するブロックに、さらにif構文をネストした

□論理演算子を使う方法

このようにif構文のネストを使えば、段階的に複数の条件を判断できますが、前述の論理演算子を使っても、同じ動作を実現させることができます。論理演算子を使うとif構文をネストしなくてもよくなるので、コードが読みやすくなります。

bmi_11.py

```python
weight = float(input('体重(kg)を入力:'))
height = float(input('身長(cm)を入力:')) / 100
bmi = weight / (height**2)
print(bmi)
if bmi < 18.5:
    print('低体重')
if bmi >= 18.5 and bmi < 25.0:
    print('普通体重')
if bmi >= 25.0 and bmi < 30.0:
    print('前肥満')
if bmi >= 30.0:
    print('肥満')
```

- bmiが18.5未満の場合
- bmiが18.5以上かつ25.0未満の場合
- bmiが25.0以上かつ30.0未満の場合
- bmiが30.0以上の場合

□elif構文を使う方法

ところで、このようなネストや論理演算子を利用した複数の条件判断は、判断が多くなればなるほどネストや論理演算子が多くなっていき、読みにくいコードになります。構造が複雑になれば、ミスも起きやすくなります。

そのようなときは、「elif（エルイフ）構文」が使えないか検討してみましょう。elif構文を使うと、上から順番に条件式を判断し、条件式がTrueになったブロックのみ実行することができます。elif構文で注意する点は、上から順番に条件式が判断され、Trueになったブロック内のコードが実行されると、次のelif文の判断やelse文へは行かず、構文全体が終了する点です。

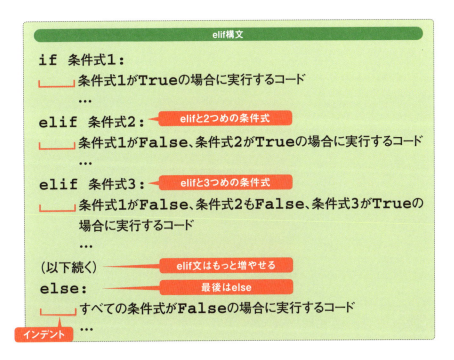

このelif構文を使った肥満度判定プログラムは次のようになります。

bmi_12.py

```
weight = float(input('体重(kg)を入力:'))
height = float(input('身長(cm)を入力:')) / 100
bmi = weight / (height**2)
print(bmi)
if bmi < 18.5:
    print('低体重')
elif bmi < 25.0:
    print('普通体重')
elif bmi < 30.0:
    print('前肥満')
else:
    print('肥満')
```

プログラムが完成したら、Anaconda Promptを起動して、実行してみましょう。自分の身長や体重を入力して、あなたの肥満度を判定してみてください。いろいろな数値を入力して試すと、正しく動作しているかどうか、確認することができます（**図1**）。

```
(base) C:¥Users¥pc21¥Documents>python bmi_12.py
体重(kg)を入力：50
身長(cm)を入力：168
17.71541950113379
低体重

(base) C:¥Users¥pc21¥Documents>python bmi_12.py
体重(kg)を入力：62
身長(cm)を入力：168
21.9671201814059
普通体重

(base) C:¥Users¥pc21¥Documents>python bmi_12.py
体重(kg)を入力：85
身長(cm)を入力：170
29.411764705882355
前肥満

(base) C:¥Users¥pc21¥Documents>python bmi_12.py
体重(kg)を入力：89
身長(cm)を入力：170
30.795847750865054
肥満

(base) C:¥Users¥pc21¥Documents>_
```

🔼**図1** 完成したプログラムを実行した様子。入力した身長と体重に応じて、肥満度が示される

Column

　プログラムの中には「コメント」として注釈を入れることができます。書かれているコードが何をするためのものなのか、後から見たとき、あるいは他人が見たときにわかるように"メモ書き"しておくのです。

　ただし、コードの中にいきなりコメントを入力してしまうと、Pythonがコードなのかコメントなのかわかりません。そのため、コメントであることを表すために、コメントの先頭には「#」(シャープ)を付ける決まりになっています。「#」から改行までの文字列がコメントになります。「#」は半角で入力してください。

growth_2.py

```python
prev = float(input('前期売上を入力:'))
this = float(input('今期売上を入力:'))
growth = this / prev * 100    # 前期比を計算
print(growth)                 # 前期比を表示


# 目標の達成／未達成を判定して表示する
if growth < 120:
    print('目標未達成')
else:
    print('目標達成')
```

コメント

　コメントを入れるか入れないかは、プログラマーが判断します。コメントが多いほうが初心者にはわかりやすいですが、簡単に理解できるようなことまでコメントに残すと、かえって邪魔なこともあります。コメントは必要最小限にしたほうがよいでしょう。

練習 Practice

Q テストの成績を4段階評価する

「リーディング」「リスニング」「ライティング」という3科目のテストを実施しました。各50点満点で、3科目の平均点が40点以上は「A」、30点以上は「B」、20点以上は「C」、20点未満は「D」と評価されます。3科目の得点を入力すると、平均点と評価を表示するプログラムを作ってください。

```
(base) E:¥>python test_score.py
リーディングの得点を入力：48
リスニングの得点を入力：37
ライティングの得点を入力：42
42.333333333333336
A
```

3科目の得点をそれぞれ入力
平均点を表示
A〜Dの評価を表示

A

まずinput関数でリーディング、リスニング、ライティングの得点を入力させます。その結果をfloat関数で数値に変換し、合計点を3で割って平均点を求めます。この値に応じた評価を表示させるために、今回はelif構文を使います。最初のif構文で「40以上か」を判定し、「30以上か」「20以上か」をelif文で順番に判定。すると最後のelse文では「20未満」になるので4段階評価を実現できます。

test_score.py

```python
r = float(input('リーディングの得点を入力:'))
l = float(input('リスニングの得点を入力:'))
w = float(input('ライティングの得点を入力:'))
ave = (r + l + w) / 3
print(ave)
if ave >= 40:
    print('A')
elif ave >= 30:
    print('B')
elif ave >= 20:
    print('C')
else:
    print('D')
```

第4章

オブジェクトと
繰り返し

01 繰り返し処理
02 「リスト」を使いこなす
03 リストと繰り返し
04 「タプル」と「辞書」

── この章で学ぶこと ──

- while構文による繰り返し
- 「リスト」とは何か
- リストを操作する方法
- 「タプル」「辞書」とは

第4章 オブジェクトと繰り返し

01 繰り返し処理

　プログラミングには、「繰り返し」と呼ばれる処理の制御方法があります。また、Pythonには、複数のデータをまとめて管理できるオブジェクトがあり、両者は頻繁に組み合わせて利用されます。そこで第4章では、最初に「繰り返し」の処理の書き方を学び、その後で複数のデータをまとめて管理できるオブジェクトと組み合わせて利用してみます。

□繰り返し処理とは

　プログラムの流れを制御するには、前章で学んだ「if構文」を使う方法（条件に応じて処理を切り分ける方法）がありますが、そのほかに「繰り返し（ループ）」と呼ばれる制御方法もあります。

　本来、プログラムはコードを上から順番に実行します。これを「逐次」とか「順次」などと呼びます。これに対して「繰り返し」は、条件に応じて処理の流れを上に戻します（図1）。

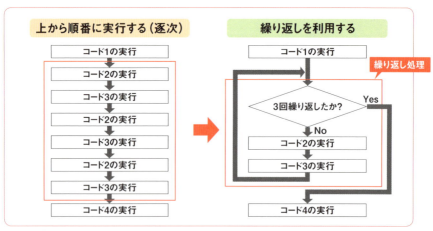

○ 図1　プログラムは通常、上から順番にコードを実行する（左）。これを「逐次」と呼ぶ。一方、「繰り返し」では、条件に応じて処理の流れを上に戻して、同じコードを繰り返して実行する（右）

例えば、1から100までの総和（合計）を求めたいとき、単純に計算するなら次のようなコードになります。

```
sum = 1 + 2 + 3 + 4 + …… + 100
```
変数「sum」に1から100までの合計が入る

1から100までの数字を「+」演算子で足していけば、総和を求められますね。しかしこの方法の問題は、合計する数が1000や10000のように大きくなったときです。不可能ではありませんが、膨大な長さの数式を入力していくのは大変ですし、ミスも犯しがちです。

もちろん「ある数までの総和を求める」という計算には公式が存在するので、それを利用すれば簡単です。しかし、単純に足していく計算がどうしても必要ならば、「while（ホワイル）構文」を使って繰り返し処理をする方法があります。

□while構文

while構文は、条件式が成り立つ間（Trueの間）、ブロック内のコードを繰り返す構文です。「while」に続けて条件式とコロンを入力して改行し、条件式が成り立つ間だけ繰り返したいブロックを書きます。

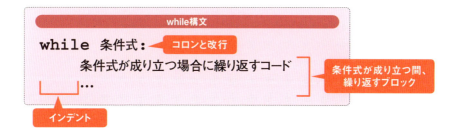

例えば、「Python!」と3回表示するコードを逐次方式で書けば、次ページの「while_1.py」のようになります。

```
while_1.py
print('Python!')
print('Python!')
print('Python!')
```

実行結果

```
(base) C:\Users\pc21\Documents>python while_1.py
Python!
Python!
Python!
```
print関数が3回実行される

続いて、このコードをwhile構文で書き換えてみましょう。次のようになります。

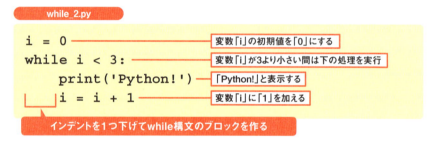

実行すると、確かに3回「Python!」と表示されますね。コードの中身を詳しく解説しましょう。

まずこのコードでは、最初に変数「i」を用意して、その値を「0」にしておきます。

```
i = 0
```

の部分です。次に、whileキーワード、半角スペース、条件式およびコロンを

記述したのが

```
while i < 3:
```

という部分。最初は「i」が「0」なので、条件式「i < 3」の結果はTrueです。
while構文では、条件式がTrueの間、ブロック内の処理を実行します。そして、
実行するブロックが、

```
    print('Python!')
    i = i + 1
```

インデント

の2行です。インデント（字下げ）されている点に注目してください。まずprint関
数が実行され、画面には1回目の「Python!」が表示されます。その後で実行す
るのが「i = i + 1」。これは「i に 1 を加える」というコードです。先ほどまで「i」
は「0」だったので、1を加えると「i」は「1」になります。ここまでが、while構文の
ブロックなので、処理の流れはwhile構文の先頭に戻ります。

　先頭に戻ってくると、条件式「i < 3」が判断されます。「i」は「1」になりました
が、まだ「i < 3」の結果はTrueです。従って、その下のprint関数が実行され、
2回目の「Python!」が表示されます。その後、変数「i」は再び「1」を加えられ、
「2」となった状態でwhile構文の先頭に戻ります。

　次にどうなるかは、もう見当が付くでしょう。条件式「i < 3」はTrueですから、
その下のprint関数が実行され3回目の「Python!」が表示されます。そして変数
「i」は「3」になります。

　この後でwhile構文の先頭に戻ったとき、初めて条件式「i < 3」がFalseにな
ります。while構文は、条件式がFalseの場合、繰り返しを止めてブロックの下
へ処理を進めます。

　この「while_2.py」のプログラムでは、while構文のブロックの下にコードはあ
りません。そのため、プログラムはここで終了します。

入門者の中には、「i = i + 1」というコードを見て「なぜ『i』と『i + 1』が等しいんだ?」と戸惑う人が多いようです。「=」を「等しい」という意味の"等号"だと誤解すると、そのような混乱が生じてしまうかもしれません。「i = i + 1」というコードの「=」は等号ではなく"代入演算子"、すなわち「右側の値を左側の変数に代入する」という役割を担うものです。「i = i + 1」というコードは、「iに1を足した結果の値を、iに代入する」という処理を意味します。

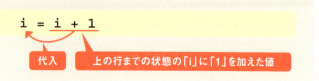

□指定した数値までの総和を求める

このようなwhile構文を使えば、1から100までの総和も、1から1000までの総和も、同様のプログラムで簡単に計算できます。例えば100までの総和を求めるプログラムは、以下のようになります。

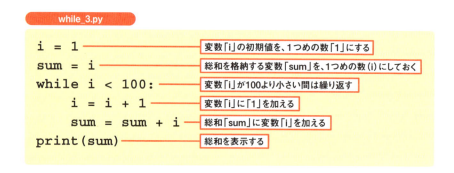

このプログラムで、変数「i」は当初、1つめの数「1」です。この「i」がwhile
構文の繰り返しの中で、2、3、4、5、… と1ずつ増えていき、100になったところ
で、繰り返しが終了します。その間、この「i」の値が次々と変数「sum」に足さ
れていくため、最終的に1から100までの総和が求められるわけです。最後に
100を足してwhile構文の先頭に戻ると、「i < 100」という条件式がFalseとなり、
それ以上、数を足す処理は行われません。あとはprint関数によって総和が表
示され、プログラムは終了します。

　総和を求める最初の数と、終わりの数を、キーボードから入力して決められる
ようにしたプログラムが次の「while_4.py」です。前章で紹介したinput関数を
使っています。

while_4.py

```
i = int(input('開始する数を入力:'))
k = int(input('終了する数を入力:'))
sum = i
while i < k:
    i = i + 1
    sum = sum + i
print(sum)
```

input関数で数の入力を受け付ける。
input関数は文字列を返すので、
int関数で数値(整数)に変換する

変数「i」が変数「k」(終了する数)より小さい間は繰り返す

実行結果

```
(base) C:¥Users¥pc21¥Documents>python while_4.py
開始する数を入力:1
終了する数を入力:100
5050
```

キーボードから開始する数と終了する数を入力

1から100までの総和

□while構文のbreak文

　このほかwhile構文では、強制的にブロックから抜ける「break文」というもの
が使えます。ただし、いきなりbreak文を実行するとすぐに繰り返しを終了してし
まうので、通常はif構文などと組み合わせて、条件がTrueになったらbreak文
を実行するようにします。

次のコードでは、変数「i」が「5」より小さい間、変数「i」の値を表示するように
while構文の条件を指定しています。しかし、while構文のブロック内にあるif
構文によって、「i」が「2」のときbreak文を実行し、強制的にwhile構文のブロッ
クから抜けてしまいます。

while_5.py

```
i = 0
while i < 5:
    print(i)
    if i == 2:
        print('強制終了')
        break
    i = i + 1
```

while構文の
ブロック内にある、
if構文のブロック

while構文の
ブロック

while構文を強制的に抜ける

実行結果

```
(base) C:\Users\pc21\Documents>python while_5.py
0
1
2
強制終了
```

「i」が「2」と等しいとき、if構文のブロック内にあるbreak文が
実行され、強制的にwhile構文のブロックから抜ける

□while構文のcontinue文

　またwhile構文には、強制的にwhile構文の先頭（条件式）にジャンプする
「continue文」が使えます。continue文も、通常はif構文などと組み合わせて
使います。次のコードでは、変数「i」が「5」になるまで変数「i」の値を表示しま
すが、「3」のときはcontinue文により、強制的にwhile構文の条件式にジャンプ
するため、変数「i」の値（3）は表示されません。

while_6.py

```
i = 0
while i < 5:
    i = i + 1
    if i == 3:
        print('continue')
        continue
    print(i)
```

while構文のブロック内にある、if構文のブロック

while構文のブロック

while構文の先頭に戻る

実行結果

```
(base) C:\Users\pc21\Documents>python while_6.py
1
2
continue
4
5
```

「i」が「3」と等しいとき、if構文のブロック内にあるcontinue文が実行され、強制的にwhile構文の先頭にジャンプする

□while構文のelse文

if構文と同様に、while構文にもelse文を付けることができます。while構文のelse文は、繰り返し処理を終了するとき、一度だけ実行されるブロックを作ります。

while_7.py

```
i = 0
while i < 3:
    print(i)
    i = i + 1
else:
    print('else文です。')
```

「else」は「while」と同じインデントの位置にする

while構文のブロックと同じインデントでelse文のブロックを書く

実行結果

```
(base) C:\Users\pc21\Documents>python while_7.py
0
1
2
else文です。
```

繰り返しが終わるとき、一度だけ実行される

01

繰り返し処理

89

繰り返しのプログラムを書くときは、「無限ループ」に注意する必要があります。<u>無限ループとは、「繰り返しが永遠に終わらない状態」のことで、無限ループになると画面が固まったようになることがあります</u>。例えば、次のようなプログラムは無限ループに陥ります。

while_8.py

```
i = 0
while i < 3:
    print('Python!')
```

永遠に「Python!」と出力し続けて止まらない

どこが問題なのか、わかりますか？ このプログラムでは、while構文の条件「i < 3」が最初にTrueと判定された後、変数「i」の値が変化しないため、永遠に「print('Python!')」を実行し続けることになります。本来は、<u>while構文のブロックの中に「i = i + 1」と記述すべきところを、忘れてしまった</u>のでしょう。ありがちなミスですが、うっかりミスでこのような無限ループに陥ると、パニックになってしまうかもしれません。

もし、<u>無限ループに陥った場合は、プログラムを強制終了します</u>。プログラムを強制終了する方法は開発環境によって異なりますが、<u>Anaconda Promptのようなコンソール画面なら「Ctrl」キーを押しながら「C」キーを押せばOK</u>です。プログラムを終了するためのボタンがある開発環境では、ボタンをクリックしてプログラムを止めることができます。

Q 数当てゲームを作る

数当てゲームを作ります。0〜9の整数を入力し、答えの数字と一致したら「正解!」、一致しなければ「残念!」と表示します。チャンスは5回。すべて不正解のときは終了します。

```
(base) C:\Users\pc21\Documents>python game_1.py
数字を当ててください（チャンスは5回）
0〜9の整数を入力：4
残念！
0〜9の整数を入力：9        数字は5回まで入力できる
残念！
0〜9の整数を入力：7
正解！                    「残念!」または「正解!」と表示
```

A

まずは正解の数字を「7」と固定して作りましょう。この正解を変数「num」に入れ、数字の入力を5回まで繰り返すようにwhile構文を作ります。input関数で入力させた数字をif文で判定。正解なら「正解!」と表示して、「break」で終了します。

game_1.py

```python
num = 7
print('数字を当ててください（チャンスは5回）')
i = 0
while i < 5:
    ans = int(input('0〜9の整数を入力:'))
    if ans == num:
        print('正解!')
        break
    else:
        print('残念!')
    i = i + 1
```

ただこれでは、正解が常に「7」で面白くありません。正解が毎回異なるようにするには、1行目の「num = 7」の部分を次のように変更します。

```python
import random
num = random.randint(0, 9)
```

するとrandomモジュールのrandint関数によって、0〜9の整数をランダムに生成させられます（モジュールについては152ページ以降参照）。

第4章　オブジェクトと繰り返し

02 「リスト」を使いこなす

　これまで紹介したプログラムでは、変数に代入できるデータは1個だけでした。しかし、Pythonのオブジェクトには、複数のデータを保持して管理できるオブジェクトがあり、このオブジェクトを変数名と結び付けることで、1つの変数で複数のデータを扱うことができます。==複数のデータを保持して管理できるオブジェクトの代表格が「リスト」と呼ばれるものです==。

　例えば、「1、3、7、13、17」という整数を保持するリストのデータは次のようなイメージになります（**図1**）。

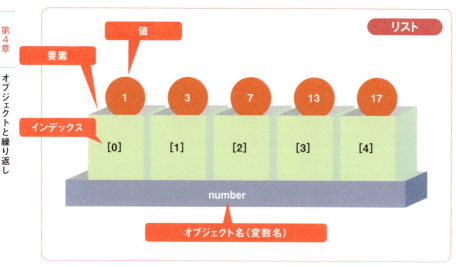

🔼 **図1**　「number」というオブジェクト名の「リスト」のイメージ。「要素」と呼ばれる複数の変数がまとめられていて、個々の要素にはインデックス（番号）が付いている

　リストの中には、「要素」と呼ばれる変数が複数あります。要素には「インデックス」と呼ばれる番号が付いていて、番号で要素を特定することができます。また、リストは変数と結び付けることで、その変数名をオブジェクト名として扱います。

■ リストの生成

リストを利用するには、まずリストを生成します。リストの生成は、カンマ区切りで要素の値を記述し、それを「 ］（角かっこ）でくくります。例えば「1、3、7、13、17」という整数を保持するリストを生成するには、次のように記述します。

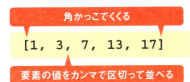

こうしてできたオブジェクトには名前がありません。そこで、できたリストと変数を「代入演算子」により結び付けます。ここでは「number」という変数に、リストのオブジェクトを結び付けてみましょう。次のようなコードになります。

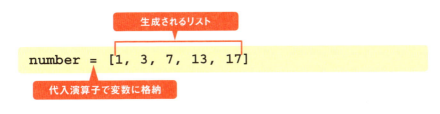

これまで変数に値を代入するコードを「＝」（代入演算子）を用いて書いてきました。実はこの「代入」という処理は、変数に値を入れているのではなく、変数名とオブジェクトを結び付けているだけです。Pythonでは、変数名とオブジェクトを結び付けることを「バインド」と呼んでいます。

これで、リストのオブジェクトに「変数名と同じ名前が付いた」ことになります。ここでは「number」という変数名でしたので、これがオブジェクト名になります。

リストの中身は、変数名(オブジェクト名)を使って確認できます。Pythonのインタラクティブシェルで確認してみましょう。

Pythonのインタラクティブシェルでは、print関数を使わなくても、オブジェクトの中身を確認できます。「number」とオブジェクト名を入力して「Enter」キーを押せば、その中身が表示されます(**図2**)。

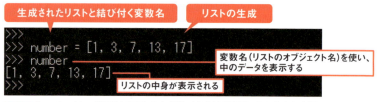

⬆**図2**「number」という変数にリストのオブジェクトを結び付け、その中身を確認

リスト内のデータを利用する

リスト内の要素を利用するには「何番目の要素か」をインデックスで指定します。インデックスは「0」から始まるので、先ほどのリスト「number」の最初の要素は

`number[0]`

のように指定します。インタラクティブシェルで確認してみましょう(**図3**)。

```
>>>
>>> number = [1, 3, 7, 13, 17]
>>> number[0]
1
>>>
```

⬆**図3** 角かっこ内に要素のインデックスを指定すると、その要素を指定できる

同じように、インデックスを使い、順番に要素の値を表示してみましょう。ここでの「number」には、要素が5つあります。そのため、インデックスに指定できるのは「0」から「4」までです。インデックスに「5」を指定すると「IndexError」というエラーになります(**図4**)。

```
>>> number = [1, 3, 7, 13, 17]
>>> number[0]
1
>>> number[1]          2番目の要素を確認
3
>>> number[2]          3番目の要素を確認
7
>>> number[3]          4番目の要素を確認
13
>>> number[4]          5番目の要素を確認
17
>>> number[5]
Traceback (most recent call last):       6番目の要素は
  File "<stdin>", line 1, in <module>    ないのでエラーになる
IndexError: list index out of range
>>>
```

⬆ 図4 順番にインデックスを指定して各要素を確認。インデックスにない番号を指定するとエラーになる

　いかがでしょう。リストのインデックスを指定する方法が理解できたでしょうか。このようにインデックスを指定すれば、リストの値を変更することもできます。

```
number[3] = 200
```

のようにインデックスを指定し、「=」(代入演算子)を使って値を代入し直せばよいのです(図5)。

```
>>> number = [1, 3, 7, 13, 17]
>>> number[3] = 200          4番目の要素に「200」に代入
>>> number
[1, 3, 7, 200, 17]
>>>                          4番目が「200」に変更された
```

⬆図5 インデックスを指定して値を代入すると、リスト内の値を変更できる

文字列のリスト

リストオブジェクトに格納できる要素は、数値だけではありません。文字列も格納できます。使い方は、先ほど整数を格納したリスト「number」の場合と同じです。ただし、整数の要素はint型ですが、文字列の要素はstr型なので、計算などの処理を行うときは注意が必要です（**図6**、**図7**）。

```
>>> number = [1, 3, 7, 13, 17]
>>> number[0] + number[1] + number[2]
11                                          整数（int型）の場合は足し算
>>>
```

⬆ **図6** 整数を格納したリストの要素を指定して「+」演算子を使うと、足し算になる。ここでは1番目から3番目の要素（1、3、7）を指定したので、足して「11」になる

```
>>> msg = ['日経', '平均', '株価']
>>> msg[0] + msg[1] + msg[2]
'日経平均株価'                               文字列（str型）の場合は連結
>>>
```

⬆ **図7** リストに文字列を格納するには、文字列を「'」（シングルクオーテーション）でくくり、カンマで区切って並べる。これらの要素に対して「+」演算子を使うと、文字列が連結される

リストのインデックスを使いこなす

ここで、リストのインデックスを指定する方法を、いくつか紹介しましょう。指定方法には便利なものがたくさんあります。

まずは、インデックスをマイナスで指定する方法です。マイナスで指定すると「後ろから何番目か」を指定できます（**図8**）。

```
>>> number = [1, 3, 7, 13, 17]
>>> number[-2]                    後ろから2番目の要素を指定する
13
>>>
```

⬆ **図8** リストの要素をマイナスの番号で指定すると、後ろから数えて何番目かの要素を指定できる

次は、「スライス」と呼ばれる機能を使った指定方法です。これを使うと、要素の範囲を指定することができます。例えば、要素の2番目から4番目（インデックス番号は1～3）の範囲を指定するときは、「開始インデックス:終了インデックス」のように開始と終了の番号を「:」（コロン）でつなぎ、「1:4」のように指定します（図9）。

```
>>> number = [1, 3, 7, 13, 17]
>>> number[1:4]          開始インデックスは「1」、
[3, 7, 13]               終了インデックスは「4」
>>>
         2番目から4番目までの要素
```

↥図9 インデックスを「1:4」のように指定すると、2番目から4番目の要素が指定されたことになる

「1～4」と指定したのになぜ2番目から4番目なのか、と疑問に思うかもしれませんが、インデックス番号は「0」から始まるので、開始インデックスの「1」は2番目、終了インデックス「4」は5番目の要素を指しています。ただし、スライスの指定では終了インデックスの要素は範囲に含まれない点に注意してください。その結果、終了インデックスの1つ前までの要素、つまり4番目の要素までが範囲に含まれることになります。

なお、スライスの指定では、開始インデックスや終了インデックスを省略できます。開始インデックスを省略した場合は、先頭の要素から指定され、終了インデックスを省略した場合は最後の要素まで指定されます（図10）。

```
>>> number = [1, 3, 7, 13, 17]
>>> number[1:4]
[3, 7, 13]
>>> number[:3]           開始インデックスを省略
[1, 3, 7]
                         先頭から3番目の要素まで
>>> number[2:]           終了インデックスを省略
[7, 13, 17]
>>>                      3番目から最後の要素まで
```

↥図10 スライスの指定で開始インデックスを省略すると先頭から、終了インデックスを省略すると最後の要素までを範囲指定できる

■メソッドの利用

リストオブジェクトには、さまざまな機能があります。第2章でも触れましたが、この"オブジェクトが持っている機能"のことを「メソッド」と呼びます。リストには「append」（要素を追加する）、「insert」（要素を挿入する）、「remove」（要素を削除する）、「sort」（要素を並べ替える）などのメソッドがあります（**図11**）。

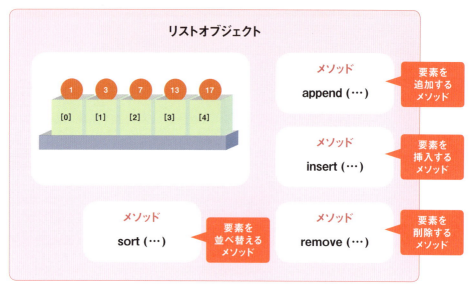

⬆ 図11　リストオブジェクトのイメージ。リストの内容を操作するさまざまなメソッドが用意されている

メソッドはオブジェクトが持つ機能なので、次のようにオブジェクト名とセットで記述します。

実際にリストを操作してみましょう。例えば「append」メソッドを使うと、リストの最後に要素を追加することができます。追加する要素は引数として渡します。「number」というリスト（オブジェクト）に「100」という値を追加するなら、

```
number.append(100)
```

というコードを書きます。実際に試してみます（**図12**）。

```
>>> number = [1, 3, 7, 13, 17]
>>> number.append(100)          リストの最後に要素（100）を追加する
>>> number
[1, 3, 7, 13, 17, 100]
>>>                  「100」が追加されている
```

⬆**図12** appendメソッドを使って、リスト「number」の最後に「100」を追加する

最後に追加するのではなく、特定の位置に要素を追加するには「insert」メソッドを使います。挿入する位置をインデックスで引数に指定します。例えば、先頭から4番目の要素として「150」を追加するには、次のように書きます。

```
                    挿入する値
number.insert(3, 150)
     インデックス3の位置（4番目）
```

リストのインデックスは0から始まるので、4番目に追加するにはインデックスを「3」と指定する点に注意してください。実際にメソッドを実行し、その結果を確認してみましょう（**図13**）。

```
>>> number
[1, 3, 7, 13, 17, 100]
>>> number.insert(3, 150)        インデックス3の位置に要素（150）を挿入する
>>> number
[1, 3, 7, 150, 13, 17, 100]
>>>                  4番目に「150」が追加されている
```

⬆**図13** insertメソッドを使い、リストの4番目（インデックスは3）に、「150」という値を挿入した例

「remove」メソッドを使うと、引数で指定した値と同じ値の要素を削除します（図14）。同じ値が複数存在した場合は、要素の先頭から調べて最初に一致した要素を削除します。

```
>>> number = [10, 20, 30, 40, 30]
>>> number.remove(30)　　　　　先頭から調べて最初に見つかった「30」を削除
>>> number
[10, 20, 40, 30]
　　　　↑1つめの「30」が削除された
```

⬆図14 removeメソッドの実行例。この「number」の例では、3番目と5番目に「30」という値があったが、先に見つかった3番目だけが削除されている

最後に、要素を並べ替える「sort」メソッドを紹介します。sortメソッドは、引数を省略して「sort()」とだけ書くと「昇順」での並べ替えができますが、引数に「reverse=True」を指定すると「降順」に並べ替えることができます（図15）。

```
>>> number
[10, 20, 40, 30]
>>> number.sort()　　　　　昇順に並べ替える
>>> number
[10, 20, 30, 40]
>>> number.sort(reverse=True)　　降順に並べ替える
>>> number
[40, 30, 20, 10]
```

⬆図15 sortメソッドの使用例。引数を省略すると昇順、「reverse=True」と指定すると降順に並べ替えられる

このように、リストはオブジェクトなので、メソッドを使ってさまざまな操作ができます。ただし、リストの値を変更する際は、メソッドは使いません。95ページで説明した通り、値の変更は、インデックスを指定して「代入」する操作となります。

Memo　Pythonはオブジェクト指向言語なので、扱うデータの正体はすべてオブジェクトです。今回は、リストに数値と文字列を格納して確認していますが、リストにはどのようなデータ（オブジェクト）でも格納できます。例えば、浮動小数点数であるfloat型、TrueとFalseのbool型、バイトデータであるbytes型、さらには別のリストオブジェクトや、次の章で学ぶ「関数」まで、リストの内部に格納できます。

Python Programming

第4章　オブジェクトと繰り返し

03 リストと繰り返し

　複数のデータを保持して管理できる「リスト」の作り方と、その要素を編集する方法がわかったところで、これを「繰り返し」の構文と組み合わせて使うテクニックを紹介しましょう。リストを活用するうえで基本となるものです。

□繰り返し構文で、リストの中身を列挙

　リストの要素には、インデックスという番号が順番に付いていましたね。そのため、次のプログラムを実行すると、「0」「1」「2」というインデックスを持つリストの要素を順番に表示することができます（**図1**）。

list_1.py

```
fruit = ['みかん', 'りんご', 'バナナ']          「fruit」という文字列のリスト
print(fruit[0])
print(fruit[1])          「fruit」の要素を順番に表示
print(fruit[2])
```

```
(base) E:¥>python list_1.py
みかん
りんご
バナナ
```

⬆図1　「list_1.py」の実行結果。リストの文字列が順番に表示される

　この「list_1.py」をよく見ると、インデックスが1つずつ増えていく繰り返し処理と考えることができそうです。そこで、while構文を使って書き直してみましょう。すると次ページの「list_2.py」のようになります。実行した結果が**図2**です。

03

リストと繰り返し

101

```
list_2.py
```

```
fruit = ['みかん', 'りんご', 'バナナ']
i = 0 ─────────────────────── 変数「i」を「0」にする
while i < 3: ───────────────── 「i」が「3」未満の間は、以下を繰り返す
    print(fruit[i]) ────────── 「fruit」のi番目の要素を表示する
    i = i + 1 ──────────────── 変数「i」に「1」を加える
```

```
(base) E:¥>python list_2.py
みかん
りんご
バナナ
```

⬆図2 「list_2.py」の実行結果。「list_1.py」と同じ結果になる

　書き直した「list_2.py」の処理の流れを確認します。まず、「fruit」という名前のリストを作成します。このリストの要素を指定するインデックスを格納するための変数として、「i」を使うことにしましょう。インデックスは「0」から始まるので、最初は「0」を代入しておきます。この状態でwhile構文に移ると、「i < 3」という条件式が成り立つので、while構文内のブロックが実行されます。ブロック内にある「print(fruit[i])」は「print(fruit[0])」の意味になるので、リストの1つめに当たる「みかん」が表示されます。

　ただし、このままwhile構文を繰り返すと、「みかん」しか表示されません。そこで、「i = i + 1」で変数「i」を「1」増やしてから2回目を繰り返します。2回目は「i」が「1」となるので、インデックス「1」の「りんご」が表示されます。同様に3回目は「i」が「2」なので「バナナ」が表示され、「i」が「3」になったところで、while構文を出て終了します。

リストの要素数を調べる

　Pythonにはオブジェクトの要素数を調べるための「len（レン）」という関数があります。len関数は、引数にオブジェクトを指定するとその要素数を返します。そこで、len関数を使って先ほどのコードを書き換えてみましょう。

`list_3.py`

```
fruit = ['みかん', 'りんご', 'バナナ']
i = 0
while i < len(fruit):
    print(fruit[i])
    i = i + 1
```

len関数を使い、「fruit」の要素数を求める

list_2.pyでは、繰り返しの条件式を「i < 3」のように書いていましたが、この「3」の部分をlen関数で置き換えました。これにより、コードの中で要素数を「3」と固定することがなくなるので、リストオブジェクトの要素が増えたり減ったりしても、同じコードで対応できるようになります。

□for構文で要素に順番にアクセス

さらに、コードをもっと簡単にできる便利な構文を紹介しましょう。Pythonには、「for（フォー）構文」という繰り返し構文もあります。オブジェクトの要素を順番に取り出して変数に格納し、処理を繰り返す構文です。

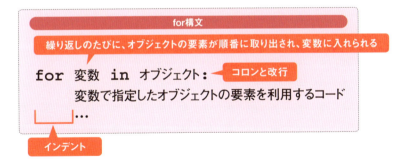

ここで「取り出す」といっていますが、正確には<u>要素と変数名が結び付けられて（バインドして）いるだけ</u>です。リストの中から要素が実際に取り出されて、リストからなくなってしまうわけではありません。

先ほどのコードをfor構文で書き換えてみましょう。

list_4.py

```
fruit = ['みかん', 'りんご', 'バナナ']
for f in fruit:        「fruit」の要素を順番に取り出して変数「f」に入れる
    print(f)           変数「f」に取り出された要素を表示
```

ものすごくコードが短くなりましたね。リストのすべての要素を順番に処理したいときは、while構文よりもfor構文のほうが簡単に書くことができます。すべてを処理するのであれば、要素の数が増減しても大丈夫です。

ただし、while構文にもfor構文にも一長一短があります。for構文は非常に簡素にコードが書けますが、すべての要素に同じ処理を繰り返すのではなく、インデックスに応じて別の処理を加えたり、繰り返しから抜けたりするような場合には、かえって面倒になるケースもあります。そうしたプログラムをfor構文で作りたい場合、現在のインデックスをそのつど調べなければならなくなるためです。適材適所で使い分けましょう。

練習 Practice

Q 入力した名前でメールアドレスを作成

5人のメンバーのメールアドレスを作成します。半角の英字で名前を入力すると、その文字列に「@pc21.co.jp」を連結したメールアドレスを作成して表示してください。名前は1人ずつ入力し、メールアドレスは昇順に出力するようにします。

```
(base) C:\Users\pc21\Documents>python list_5.py
名前を入力：tanaka
名前を入力：ueda
名前を入力：sato           5人分の名前を半角英字で入力
名前を入力：yamada
名前を入力：abe
abe@pc21.co.jp
sato@pc21.co.jp
tanaka@pc21.co.jp          メールアドレスを昇順で出力
ueda@pc21.co.jp
yamada@pc21.co.jp
```

A

最初に「member」という空のリストを用意して、この要素として、input関数で入力させた名前の文字列を追加していきます。5人分を追加したいので、while構文を使って5回繰り返します。リストに要素を追加するには、appendメソッドを使います。リストに要素を追加した後は、sortメソッドで並べ替えます。引数を省略すれば昇順になります。

リストのすべての要素を順番に取り出して処理するには、for構文を使うのが簡単です。ここでは変数「m」に要素を取り出し、「@pc21.co.jp」を連結したうえで、print関数で出力します。

list_5.py

```python
member = []
i = 0
while i < 5:
    name = input('名前を入力：')
    member.append(name)
    i = i + 1
member.sort()
for m in member:
    print(m + '@pc21.co.jp')
```

「タプル」と「辞書」

第4章 オブジェクトと繰り返し
04

複数のデータを保持できるオブジェクトは「リスト」だけではありません。Pythonにはさまざまなものが用意されていますが、ここではリストと併せて覚えておきたい「タプル」と「辞書」についても説明しておきます。

□ タプルを使う

タプル（tuple）はもともと、「組」などの意味を持つ接尾辞です。Pythonのタプルは、リストとほとんど同じ機能を持つオブジェクトです。リストとの違いは、「保持しているデータを変更できない」という性質を持っている点です（**図1**）。タプルでは、要素を追加したり、削除したり、中身を置き換えたりすることができません。そのため、誤ってデータを変更してしまうことを防げるのが利点です。

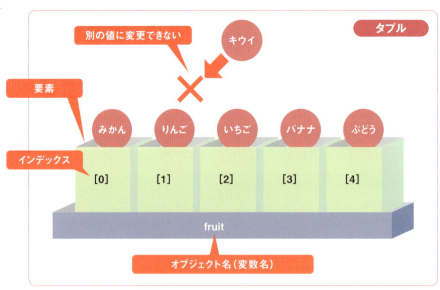

● 図1 「タプル」のイメージ。複数の要素を持つ点では「リスト」と同じだが、データを変更できない点がリストとは異なる

タプルを作るには、要素の値をカンマ区切りで並べ、かっこでくくります。リストは角かっこでくくりましたね。例えば、「みかん」「りんご」「いちご」「バナナ」「ぶどう」という5つの要素を持ったタプルを作るには、

```
fruit = ('みかん', 'りんご', 'いちご', 'バナナ', 'ぶどう')
```
タプル

のようにかっこでくくります。リストの場合は、角かっこでくくって

```
fruit = ['みかん', 'りんご', 'いちご', 'バナナ', 'ぶどう']
```
リスト

のように書きました。この違いに注意してください。

Memo　タプルを作るとき、かっこを省略して

```
fruit = 'みかん', 'りんご', 'いちご', 'バナナ', 'ぶどう'
```

のように書くこともできます。

タプルの要素を利用する方法は、基本的にリストと同じです。Pythonのインタラクティブシェルで試してみましょう。リストと同じように、変数名（オブジェクト名）を入れて「Enter」キーを押せば、中身を確認できます。その結果はかっこでくくられているので、タプルであることがわかります（**図2**）。

```
>>> fruit = ('みかん', 'りんご', 'いちご', 'バナナ', 'ぶどう')
>>> fruit
('みかん', 'りんご', 'いちご', 'バナナ', 'ぶどう')
>>>
```

生成されたタプルと結び付く変数名
タプルの生成（かっこでくくる）
中のデータを表示する
タプルの中身が表示される

○図2　インタラクティブシェルでタプルの利用方法を確認。基本的にはリストと同じであることがわかる

特定の要素を指定するには、「何番目の要素か」をインデックスで指定します。これもリストと同様です（**図3**）。

```
>>> fruit = ('みかん', 'りんご', 'いちご', 'バナナ', 'ぶどう')
>>> fruit
('みかん', 'りんご', 'いちご', 'バナナ', 'ぶどう')
>>> fruit[0]        ————————————  インデックス「0」の要素を表示
'みかん'
>>> fruit[2]        ————————————  インデックス「2」の要素を表示
'いちご'
>>> fruit[1:3]      ————————————  インデックス「1」から
('りんご', 'いちご')                「2」の要素を表示
>>>
```

⬆図3 タプルでもインデックスを使って要素を指定できる。指定方法はリストと同様

　ただし、==タプルが持っているデータは変更できないため、インデックスを指定した値の変更ができません==（**図4**）。

```
>>> fruit = ('みかん', 'りんご', 'いちご', 'バナナ', 'ぶどう')
>>> fruit[1] = 'キウイ'
Traceback (most recent call last):                    タプルの要素を変更しようとすると…
  File "<stdin>", line 1, in <module>
TypeError: 'tuple' object does not support item assignment
>>>
```

⬆図4 タプルの要素を変更しようとすると、 ［タプルの要素は変更できないのでエラーになる］
エラーになる

□辞書

　「辞書」もまた、複数のデータを保持できるオブジェクトの代表格です。辞書の特徴は、「キー（key）」と「値（value）」がセットになっている点です（**図5**）。
　==辞書を作成するには、「キー：値」のペアで要素を表現し、その要素をカンマ区切りで並べて波かっこ｛ ｝でくくります==。例えば、「fruit_color」という名前の辞書を作るには、次のように書きます。

```
fruit_color = {'みかん': 'Orange', 'バナナ': 'Yellow', 'りんご': 'Red'}
```
　　　　　　　　　［波かっこ］　　　　［「キー：値」のペアで要素を作る］　　　　［波かっこ］

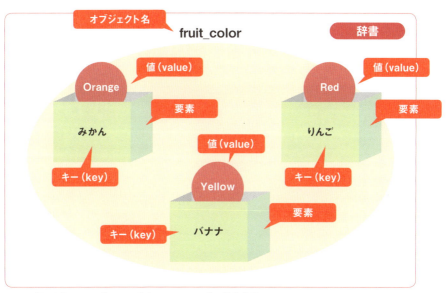

○図5 「辞書」のイメージ。キーと値をペアにした要素を複数保持できる

　こうして作成した辞書を利用するときは、要素をキーで指定します。キーを指定するには、リストやタプルと同じように、角かっこでキーをくくります。例えば「りんご」というキーの要素を指定するときは、

```
fruit_color['りんご']
```

のように指定します。「りんご」は文字列なので「'」(シングルクォーテーション)でくくる必要がある点に注意してください。この辞書の操作を、インタラクティブシェルで確認してみましょう(図6)。

```
>>> fruit_color = {'みかん': 'Orange', 'バナナ': 'Yellow', 'りんご':'Red'}
>>> fruit_color['りんご']
'Red'
>>>
```

○図6 辞書を作成し、その要素を確認した様子。要素はキーで指定する

値の変更も、リストと同様にできます。キーを使って要素を指定し、「=」（代入演算子）を使って値を代入し直します（**図7**）。

```
>>> fruit_color = ['みかん': 'Orange', 'バナナ': 'Yellow', 'りんご':'Red']
>>> fruit_color['りんご'] = 'Pink'        「りんご」というキーの値を変更
>>> fruit_color['りんご']
'Pink'           「りんご」というキーの値を表示
>>>        値が「Pink」に変更されている
```

🔴 **図7** 「りんご」というキーの値を「Pink」に変更した例

　また、辞書に存在しないキーを指定して値を代入した場合は、新たな要素として追加されます（**図8**）。

```
>>> fruit_color = ['みかん': 'Orange', 'バナナ': 'Yellow', 'りんご':'Red']
>>> fruit_color['いちご'] = 'Red'          新たなキーを用意して、値を代入
>>> fruit_color
['みかん': 'Orange', 'バナナ': 'Yellow', 'りんご': 'Red', 'いちご': 'Red']
>>>
```

🔴 **図8** 辞書に存在しないキーを用意して値を代入すると、新たな要素として辞書に追加される　　　　辞書に新しい要素が追加された

　以上、リスト、タプル、辞書という3種類のオブジェクトの違いや基本的な使い方がわかりましたか。複数のオブジェクトを扱えるオブジェクトは、これら3つ以外にもたくさんあります。詳しくは、Pythonの公式ドキュメントを参照して、どのようなオブジェクトやメソッドがあるのか調べてみるとよいでしょう。

第5章

関数の作り方と使い方

01 「関数」とは何か

02 データの受け渡し

03 変数の有効範囲（スコープ）

── この章で学ぶこと ──

● 「関数」を定義して使う

● 関数にデータを渡す方法

● 変数の「スコープ」とは

● ローカル変数とグローバル変数

第5章 関数の作り方と使い方

01 「関数」とは何か

前章までに、便利な命令としてprintやinputなどの「関数」を利用してきました。これまでは、とにかくその使い方だけ解説してきましたが、そもそも関数とはどのようなものなのでしょうか？ 第5章では、関数について深く学びましょう。

□プログラミングにおける関数

一般に関数とは、ある変数の値が決まると、その値に依存して決まる値を導き出す「式」のことをいいます。中学や高校の数学で、「1次関数」や「2次関数」などを学びましたね。

一方、プログラミングにおける関数は、計算式ではありません。単に、呼び出し側から「引数（ひきすう）」と呼ばれるデータを受け取り、一連の処理を行って値を返す「処理単位」です（図1）。引数や返り値のない関数も存在します。

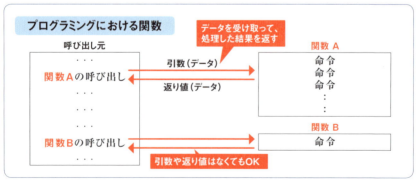

○ 図1 一般的な関数とプログラミングにおける関数の違い。プログラミングの関数は、引数を受け取って一連の処理を行い、その結果を返す。ただし、引数や返り値を持たない関数もある

これまでに作成してきたプログラムは、すべての処理を同じ場所に記述して作成しました。ただ、同じ場所に多くのコードを記述すると、処理全体の見通しが悪くなり、「読みにくい」「再利用しにくい」「メンテナンスしにくい」プログラムになります。

　そのため、たくさんの処理を含む長いプログラムは、その中の機能や役割ごとに分割して小さな処理単位にまとめるのが一般的です。この小さな処理単位を作るのに有効なのが関数です。処理を開始するプログラムとは別の場所に、関数として具体的な処理を記述して、それを元のプログラムから呼び出して利用します（図2）。

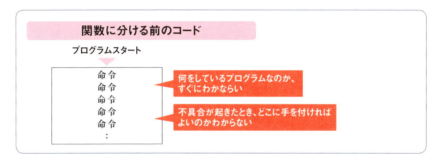

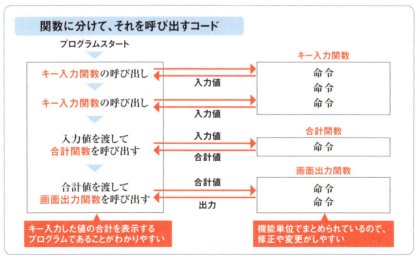

🔼 図2　機能や処理を関数に分割することで、プログラム全体の構成がわかりやすくなると同時に、修正や機能変更などもしやすくなる

こうすることで、プログラム全体の流れが把握しやすくなり、不具合（バグ）の少ない、メンテナンスしやすいプログラムになります。例えば、「入力した値を合計する」というプログラムを「入力した値の平均値を求める」というプログラムに修正したいときは、「合計」という機能を担う関数の部分だけ変更すればよいでしょう。画面の表示の仕方を変更したいときは、画面を表示する関数の部分を改良すればよくなるわけです。

Memo　プログラミングにおいて、関数は0個以上の命令をまとめた処理単位です。プログラミング言語によっては、関数のことを「サブルーチン」「ファンクションプロシージャ」「メソッド」などと呼ぶ場合もあります。

□関数を定義する

　前章までに利用していたprint関数は「値を画面に表示する」、input関数は「キー入力を受け付けて入力された値を返す」という機能を持つ関数でした。こうした関数はPythonがあらかじめ備えている関数で、「組み込み関数」などと呼ばれます。多くのプログラミング言語では、よく利用する機能や処理が組み込み関数として用意されていて、関数名を書くだけで利用できるようになっています。
　こうした組み込み関数とは別に、プログラミングでは自分で関数を「定義」して、オリジナルの関数を作ることもできます。関数を作るには、次のような書式で最初に関数を定義する必要があります。

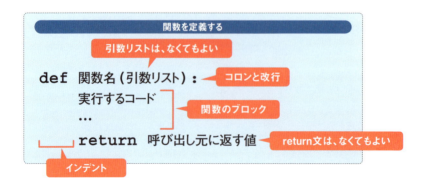

関数を定義するには、「def（デフ）」キーワードを使います。「define（定義する）」の略語です。これに関数名と引数リストのかっこがあれば、最低限の関数は定義できます。「return」で始まるreturn文は、値を返す必要がなければ省略できます。

試しに、2つの引数を合計して返す「add」関数を作ってみましょう。最初は引数なし、返り値なし、処理なしという"何もしない関数"を作り、ここから少しずつコードを追加していきます。

まずは「Atom」などのテキストエディターで次のコードを入力し、「add_1.py」という名前で保存してください。

このadd関数は、まだ何もしない関数ですが、ここでは「pass」キーワードを入れておきます。Pythonの関数は、実行するコードを関数ブロック内で定義しますが、何もしないからといって何も記述しないとブロックができません。そこで「pass」というコードを記述して、ブロックだけを作ります。

「add_1.py」ができたら、Anaconda Promptを起動して、このプログラムを実行してみましょう（**図3**）。何も起きず、ただプロンプトが再表示されましたね。ひとまずエラーにならなければ成功です（「pass」がないとエラーになります）。

↑**図3** Anaconda Promptで「add_1.py」を実行したところ。まだ処理内容を記述していないので、何も表示されない

次に、「pass」の部分を書き換えて、print関数で何かを表示するように変更しましょう。次のコードを「add_2.py」として保存します。

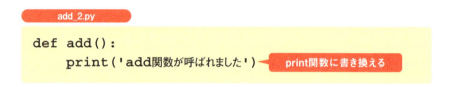

add_2.py

```
def add():
    print('add関数が呼ばれました')
```
→ print関数に書き換える

では、この「add_2.py」を実行してみましょう。しかし、これを実行しても何も表示されません（**図4**）。

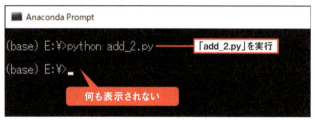

○**図4**「add_2.py」を実行した結果。まだ何も表示されない。関数は、定義しただけでは実行されないためだ

というのも、関数は定義しただけでは実行されないためです。実行するには、関数を「呼び出す」必要があります。

関数の呼び出しは、呼び出したい場所で、関数名と引数リストのかっこを記述します。実際にやってみましょう。次のコードを「add_3.py」というファイルに保存してください。

add_3.py

```
def add():
    print('add関数が呼ばれました')
```
→ add関数のブロック

```
add()
```
→ add関数を呼び出して実行する

この「add_3.py」では、ファイルの冒頭でadd関数を定義し、その下で、定義したadd関数を呼び出します。この「add_3.py」を実行すると、今度はadd関数が呼び出されて、add関数内のprint関数が実行されます(**図5**)。

○ 図5 「add_3.py」を実行したところ。add関数が呼び出され、その中のprint関数が文字列を表示した

関数内で処理をする

　こうして、関数が呼び出されると、関数内のコードが実行されることがわかりました。そこで今度は、関数内で足し算を行うようにコードを記述し、その結果を表示させてみます。

　この「add_4.py」を実行すると、「10」と結果が表示されます(次ページ**図6**)。関数内に実行したい処理を記述することで、オリジナルの機能を備えた関数を作れることがわかりました。これで関数の基本は押さえられましたね。

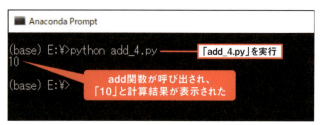

○**図6**「add_4.py」を実行したところ。add関数が呼び出されて計算が実行され、その結果が表示された

 Memo　Pythonでは、関数をオブジェクトとして扱います。また、オブジェクト内の関数を「メソッド」と呼ぶ場合もあります。両者はどちらも「関数」ですが、本書では、<u>単独で実行できるものを「関数」、オブジェクトの機能として振る舞う関数を「メソッド」と呼ぶ</u>ようにしています。

第5章　関数の作り方と使い方

データの受け渡し

　117ページで作成した「add_4.py」のプログラムは、関数の定義の中に「x = 3」「y = 7」のように数値を書き込んでいるので、「3と7の合計を表示する」ことしかできません。これでは、せっかく関数を作っても、何の役にも立たないでしょう。そこで、関数としてより汎用性を持たせるために、「キーボードから入力した2つの数値を合計して表示する」というものに改良していきます。

□関数にデータを渡す

　この「キーボードから入力した2つの数値を合計する」というプログラムは、次の2段階に分けられます。

　まず、input関数を使って数字をキーボードから入力できるようにして、その結果をint関数で整数に変換します。こうして入力した整数は、変数「in_x」と変数「in_y」に保存することにします。「inputしたx」「inputしたy」という意味を持たせた変数名です。

　次に、この2つの整数をadd関数に渡します。==呼び出し側から関数に値を渡すには、呼び出す際にかっこの中に渡すデータを記述します。このデータのことを「実引数(じつひきすう)」と呼びます。==

　add関数を定義したうえで、このような2段階の手順を踏むプログラムを作ればよいのですが、「関数に値を渡す」というのは、プログラミング初心者にはなかなかイメージしにくい概念です。最初は、渡す値を1つにしたシンプルなプログラムで、その動きを確認してみましょう。

　次ページに示す「add_5.py」は、変数「in_x」だけをadd関数に渡して表示するプログラムです。

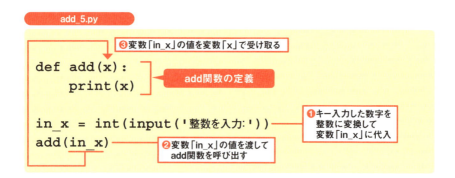

　この「add_5.py」では、まず冒頭でadd関数を定義しています。add関数が値を受け取れるようにするためには、引数リストにデータを受け取るための変数を用意しなければなりません。そこで、

```
def add(x):
```

のように書いて、引数リストに変数「x」を入れています。このようなデータを受け取るための変数を「仮引数（かりひきすう）」と呼びます。

　add関数の仮引数である変数「x」は、add関数の変数です。対して、実引数である変数「in_x」は、呼び出し側の変数になります（関数の中の変数と、呼び出し側の変数との違いは、130ページ以降で詳しく説明します）。

　Anaconda Promptを起動して、「add_5.py」を実行してみてください。キー入力を促され、入力した数字が表示されますね（図1）。

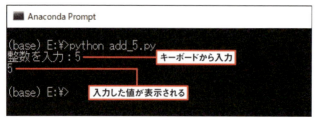

○図1 Anaconda Promptを起動して「add_5.py」を実行したところ。キー入力した数字がそのまま表示される

関数にデータを渡す基本的な作法がわかったところで、今度は複数のデータをadd関数に渡せるようにしましょう。それには、add関数を定義する際の仮引数を、カンマ区切りで複数記述します。呼び出し側からデータを渡す際にも、仮引数の順番で値（変数）を指定して渡します。このように順番で渡す引数を「位置引数（いちひきすう）」と呼びます。

　input関数で入力した変数「in_x」と変数「in_y」の2つをadd関数に渡して、2つの合計を表示するプログラムが「add_6.py」です（図2）。

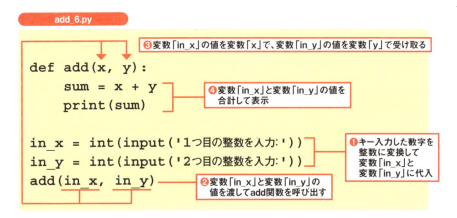

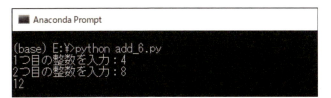

↑図2 Anaconda Promptで「add_6.py」を実行した様子。キー入力した2つの数字を合計して表示する

　ちなみに、前の章で紹介した「リスト」を使えば、1つの仮引数で複数の値を渡すこともできます。リストは、複数のデータを保持して管理できるオブジェクトでしたね。

　「add_6.py」と同じ処理内容をリストを使って書き換えたプログラムが次ページの「add_7.py」です。実行すると図2と同じように動きます。

add_7.py

❺リスト「list_xy」のデータを変数「xy」で受け取る

```python
def add(xy):
    sum = xy[0] + xy[1]
    print(sum)


list_xy = []
in_x = int(input('1つ目の整数を入力:'))
list_xy.append(in_x)
in_y = int(input('2つ目の整数を入力:'))
list_xy.append(in_y)
add(list_xy)
```

❻リストの1番目と2番目の値を合計して表示

❶「list_xy」という名前の空のリストを作る

❷キー入力した整数をリストに追加する

❸キー入力した整数をリストに追加する

❹リスト「list_xy」を渡してadd関数を呼び出す

この「add_7.py」では、「xy」という仮引数を1つだけ持つadd関数を定義して、そこに「list_xy」というリストを渡しています。add関数の中では、受け取ったリストの要素を取り出して計算しています。リストと同様、Pythonでは「辞書」や「関数」などオブジェクトなら何でも、引数として関数に渡すことができます。

□デフォルト引数

関数は、引数として用意した変数を使い、呼び出し側からデータを受け取ります。もし、仮引数が用意されているにもかかわらず、呼び出し側で実引数を渡さずに関数を呼び出すと「TypeError」というエラーになります。

ただし、ほとんどの場合は同じ値を引数として渡すということであれば、仮引数を「デフォルト引数」にしておく方法もあります。すると、実引数を渡さないときは「デフォルト値」が使われるようにできます。

デフォルト値は、仮引数に代入演算子を使って設定します。例えば、「x」「y」という2つの仮引数を持つadd関数を定義するとき、「y」のデフォルト値を「10」に設定したければ、

```python
def add(x, y = 10):
```

のように書きます。次の「add_8.py」は、add関数にデフォルト引数を設定し、そのデフォルト値を利用して計算した例です。結果は**図3**のようになります。

add_8.py

```
def add(x, y = 10):
    sum = x + y          デフォルト引数
    print(sum)

in_x = int(input('1つ目の整数を入力:'))
add(in_x)   「x」のみ渡して「y」はデフォルト値を利用する
```

```
(base) E:¥>python add_8.py
1つ目の整数を入力:7
17
```

⬆**図3** デフォルト引数を設定すると、引数に値を渡さない場合に、そのデフォルト値が利用される。ここでは入力した「7」にデフォルト値の「10」が足された

　なお、デフォルト引数は、デフォルト値を指定していない仮引数（普通の仮引数）の前に置くことはできません。もし、そのような定義を行うと「SyntaxError」というエラーになります。

□キーワード引数

　順番通りに引数を渡すのではなく、キーワード（変数名）を指定して関数にデータを渡すこともできます。このような引数を「キーワード引数」または「名前付き引数」と呼びます。

　キーワード引数は、変数名に代入するときと同じような書き方で実引数を記述します。変数名で仮引数を指定するので、引数の順番はどうでもよくなります。順番を意識せずに、正しく引数を渡せるようになるという利点があります。

　次ページの「add_9.py」はキーワード引数を使ってadd関数を利用した例です。

02

データの受け渡し

add関数の中に、変数「x」と変数「y」に渡された値を表示する命令を追加しているので、キーワード引数によって値が正しく渡されていることを確認できます（**図4**）。str関数は、数値を文字列に変換する関数です。「x:」などの文字列と連結して表示させるために、数値を文字列に変換する必要があります。

add_9.py

```
def add(x, y):
    print('x:' + str(x))      ← 「x」と「y」の値を表示して
    print('y:' + str(y))        順番が正しくなっているかを確認
    sum = x + y
    print(sum)

in_x = int(input('1つ目の整数を入力:'))
in_y = int(input('2つ目の整数を入力:'))
add(y = in_y, x = in_x)    ← キーワード引数で渡すと、好きな順番で指定できる
```

```
(base) E:\>python add_9.py
1つ目の整数を入力:10
2つ目の整数を入力:4
x:10
y:4
14
```

⬆ 図4 「add_9.py」を実行した様子。引数の順番は逆だったが、キーワード引数によって値が正しく渡されていることがわかる

☐関数の返り値

こうしてadd関数は、引数としてさまざまな値を受け取ることができるようになりました。しかし問題があります。それは、add関数が合計した値を、呼び出し側で再び利用できない点です。ここまでのプログラムはいずれも、add関数の中で結果を表示して終わりです。add関数で求めた合計値を、さらに別の計算に利用するといった使い方はできません。

そこで、add関数で求めた合計値を、呼び出し側へ返せるようにしましょう。関数から、呼び出し側へ値を返すには、「return文」を使います。「return」は英語で「返す」という意味ですね。

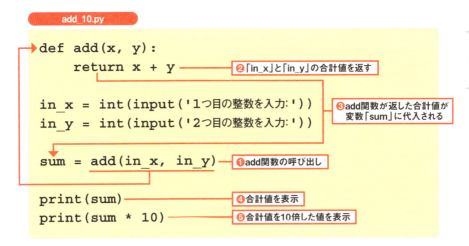

「add_10.py」でadd関数が担うのは、値の合計のみです。合計した結果を呼び出し側に戻すために、

```
return x + y
```

のように記述します。この返り値を呼び出し側で受け取るのが、変数「sum」です。こうして返り値を変数に代入しておけば、その値を表示したり、10倍したりと、別の処理を自由に追加できるようになります（**図5**）。

⬆ 図5 「add_10.py」を実行した様子。add関数で求めた合計値と、さらにその10倍の値を表示する

□複数の返り値

さらにPythonでは、関数に複数の値を返させることもできます。例えば、2つの引数の「合計値」と「差」を一度に返す関数を定義することができます。それには、return文に合計値と差をカンマ区切りで記述します。

```
return x + y, x - y
```

この2つの返り値を受け取る呼び出し側では、やはり変数をカンマ区切りで記述します。

```
out_x, out_y = add(in_x, in_y)
```

のようにカンマ区切りで変数を並べて、代入演算子を使います。これで、2つの返り値を受け取ることができます。次の「add_11.py」が、プログラムの一例です。add関数が返す「x + y」と「x - y」という2つの値が、「out_x」と「out_y」にそれぞれ入ります。**図6**がその結果となります。

add_11.py

```
def add(x, y):
    return x + y, x - y    ← 複数の値を返す

in_x = int(input('1つ目の整数を入力:'))
in_y = int(input('2つ目の整数を入力:'))
out_x, out_y = add(in_x, in_y)

print('合計:' + str(out_x))
print('差:' + str(out_y))
```

```
(base) E:¥>python add_11.py
1つ目の整数を入力:10
2つ目の整数を入力:7
合計:17
差:3
```

⬆ **図6**「add_11.py」を実行した様子。add関数が「合計」と「差」を一度に返す

　ちなみに、関数の返り値をリストにすることもできます。次の「add_12.py」では、add関数の中で「xy」というリストを作成し、合計と差という2つの値を要素に持つリストをadd関数が返します。実行結果は図6と同様になります。

add_12.py

```
def add(x, y):
    xy = []
    xy.append(x + y)
    xy.append(x - y)
    return xy

in_x = int(input('1つ目の整数を入力:'))
in_y = int(input('2つ目の整数を入力:'))
list_xy = add(in_x, in_y)

print('合計:' + str(list_xy[0]))
print('差:' + str(list_xy[1]))
```

リスト「xy」を作成して「x」と「y」の合計と差の値を追加

合計と差の入ったリストが返る

リストの要素(合計)

リストの要素(差)

Column

　Pythonでは、関数の引数に関数を渡したり、返り値を関数にしたりすることもできます。次のコードで確認してみましょう。

func_test.py

```
def func1():
    print('func1の実行')
def func2(f):            ❷func1関数が渡される
    print('func2の実行')
    f()                  ❸渡されたfunc1関数を呼び出す
def func3():
    print('func3の実行')
    return func1         ❺func1関数を返す


func2(func1)             ❶func1関数を引数にfunc2を呼び出す
temp = func3()           ❹func3関数を呼び出す
temp()                   ❼func1関数の呼び出し
           ❻func3関数の返り値の
             func1関数をtempに代入
```

　このコードでは「func1」「func2」「func3」という3つの関数が定義されています。最初に、func2関数が呼び出されていますが、引数にfunc1関数が渡されているので、func2関数の中の「f()」でfunc1関数が呼び出されます。続いて、func3関数を呼び出していますが、func3関数の返り値は、func1関数です。従って、変数「temp」にはfunc1関数が代入されるので、「temp()」で呼び出される関数は、func1関数になります。結果は以下の通りです。

```
Anaconda Prompt

(base) E:¥>python func_test.py
func2の実行
func1の実行
func3の実行
func1の実行
```

BMI計算用のオリジナル関数を作る

体重(kg)と身長(cm)を入力すると、肥満指数(BMI)を計算できるプログラムを作ります。BMIは「体重kg÷(身長m×身長m)」で計算できるので、この計算だけを「bmicalc」という名前の関数に分けて、以下のようなプログラムにすることにしました。bmicalc関数の定義は、どのように書けばよいでしょうか?

func_bmi.py

bmicalc関数の定義

```
weight = float(input('体重(kg):'))
height = float(input('身長(cm):')) / 100
bmi = bmicalc(weight, height)
print(bmi)
```

A 関数を定義するには、「def」キーワードの後ろに関数名と引数リストを書いて、「:」(コロン)を付けて改行します。BMIは体重と身長という2つの数値を計算に使いますので、仮引数は2つ。ここでは「w」「h」としました。計算結果を返すために、return文に計算式を書きます。関数のブロック(ここではreturn文)はインデントする必要がありましたね。bmicalc関数の定義は、次のようになります。

```
def bmicalc(w, h):
    return w / (h**2)
```

実行すると、下図のようにBMIを計算できるはずです。

```
(base) E:\work>python func_bmi.py
体重(kg):72
身長(cm):169
25.209201358495854
```

第5章 関数の作り方と使い方

03 変数の有効範囲（スコープ）

　プログラミングでは、一時的にデータを保存するために「変数」を使います。変数は、変数名に値を代入することで利用できるようになりますが、この「変数に最初の値を代入すること」を「変数の初期化」といいます。

　例えば、input関数で入力された文字列は、input関数の返り値を変数に代入することで利用できるようになります。この処理は、input関数の返り値によって変数を初期化したことになります。

func_1.py

変数「str」の初期化

```
str = input('名前を入力してください:')
print(str + 'さん、こんにちは。')
```

　このコードでは、最初にinput関数で名前の入力を促し、入力された名前を「str」という変数に代入します。ここで変数「str」が初期化されるわけです。この値を参照して、次のprint関数が文字列「○○さん、こんにちは。」を表示します（**図1**）。

○図1 Anaconda Promptを起動して「func_1.py」を実行した様子

では、このような変数の初期化を関数定義の中で行った場合と、関数定義の外で行った場合とで、それぞれの変数に何か違いは生じるでしょうか。

　実は、変数の初期化を関数内で行った場合、その変数は「初期化した関数内でのみ利用可能」ということになります。つまり、関数の中だけが有効範囲だというわけです。

　変数の有効範囲とは「その変数が利用できる範囲」のことを表します。この有効範囲のことを「スコープ」と呼ぶこともあります。変数の有効範囲には、大きく分けて「ローカルスコープ」と「グローバルスコープ」があるので、それぞれの違いを解説しましょう（**図2**）。

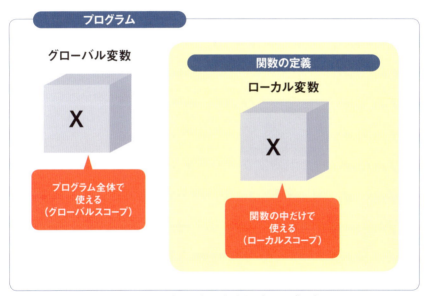

🔼 **図2** 変数を初期化する場所によって、変数が使える有効範囲（スコープ）は変わる

ローカルスコープ

　まずはローカルスコープについて解説します。次ページの「func_2.py」のコードでは、func関数を定義するブロックの"中"で変数「x」を「3」で初期化しています。そして、func関数の定義の外で、func関数の呼び出しと、print関数による変数「x」の表示を試みています。

このコードを実行した結果は図3の通りです。「func関数を実行しました」と表示されたので、確かにfunc関数は実行されていますが、変数「x」の値を表示することはできません。

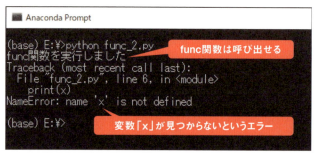

↑ 図3 「func_2.py」を実行した様子。func関数は実行されるが、最後のprint関数は変数「x」にアクセスできていない

「NameError」というエラーは、「変数『x』が見つからない」というエラーです。func関数の呼び出しには成功しているので、変数「x」は初期化されているはずです。しかし、関数の外からfunc関数の中にある変数「x」は参照できないので、「見つからない」ということになるのです。

このように、関数の中で初期化した変数は「ローカルスコープ」となり、関数の外部からアクセスすることはできません。変数の有効範囲は、あくまで関数の中だけです。このような変数を「ローカルスコープの変数」または「ローカル変数」と呼びます。

□グローバルスコープ

次に、変数「x」の初期化をfunc関数の"外"で行ってみましょう。次のコードは、func関数を定義する前に変数「x」を初期化して、func関数の中と外で利用しています。

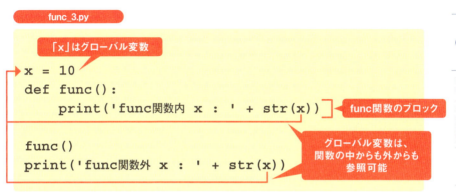

この「func_3.py」を実行すると、関数の中からも、外からも、同じように変数「x」を利用できていることが確認できます（**図4**）。

○ 図4 「func_3.py」を実行した様子。冒頭で初期化した変数「x」の「10」という値を、func関数の中からも外からも参照できている

この「関数の外で初期化した変数」のことを「グローバルスコープの変数」または「グローバル変数」と呼びます。

ただし、注意点が1つあります。関数内からグローバル変数を使うときは「値の参照」しかできません。実際のコードを例に、本当に参照しかできないのか、確認してみましょう。次の「func_4.py」を実行すると、**図5**のような結果になります。

○ **図5**「func_4.py」を実行した様子。func関数内で変数「x」に「3」を代入しても、グローバル変数「x」の値は変わっていない

　グローバル変数「x」を初期化した後、func関数内で変数「x」に別の値を代入してもエラーにはなりません。ところが、これでグローバル変数「x」の値が変更されたわけではないのです。関数内でグローバル変数に値を代入すると、その時点で変数はローカル変数として新たに作られることになります。つまり、グローバル変数と同じ名前の、別のローカル変数が誕生するのです。そのため、同じ「x」という名前の変数でも、print関数で表示された結果が違ってしまうことにな

ります。

　もし、新たなローカル変数を作るのではなくグローバル変数をそのまま利用したい場合は、関数定義の中で「global」というキーワードを付けて宣言します。そうすると、グローバル変数としてアクセスするようになります。次の「func_5.py」がその例で、実行すると**図6**のようになります。

func_5.py

```
x = 10
def func():
    global x
    x = 3
    print('func関数内 x : ' + str(x))

func()
print('func関数外 x : ' + str(x))
```

「x」はグローバル変数

グローバル変数「x」を使うように宣言

グローバル変数「x」へ「3」を代入

グローバル変数「x」の表示

グローバル変数「x」の表示

```
Anaconda Prompt

(base) E:¥>python func_5.py
func関数内 x : 3
func関数外 x : 3

(base) E:¥>
```

グローバル変数「x」も「3」に変更されている

🔾 **図6**「func_5.py」を実行した様子。func関数の中で変数「x」に代入した値が、関数の外でも維持されている

03

変数の有効範囲（スコープ）

Column

Pythonでは、関数の中に関数を定義できます。このような関数を「関数内関数」または「ネスト関数」と呼びます。また、関数内関数の定義において、中にある関数を「子関数」、外の関数を「親関数」と呼びます。

注意が必要なのは、親関数から子関数を呼び出すことはできますが、親関数の外から子関数を呼び出すことはできない点です。

func_test_2.py

```python
def parent():
    p = 'parentのローカル変数'

    def child():
        c = 'child のローカル変数'
        print(c)

    print(p)
    child()

parent()
child()
```

child関数（子関数）のブロック

parent関数（親関数）のブロック

親関数から子関数は呼び出せる

親関数の外から子関数は呼び出せない

```
Anaconda Prompt

(base) E:¥>python func_test_2.py
parentのローカル変数
child のローカル変数
Traceback (most recent call last):
  File "func_test_2.py", line 12, in <module>
    child()
NameError: name 'child' is not defined

(base) E:¥>_
```

親関数から子関数は呼び出せる

親関数の外から子関数は呼び出せない

第**6**章

組み込み関数と
モジュール

01 **組み込み関数**
02 **「モジュール」とは**
03 **モジュールを活用する**

―― **この章で学ぶこと** ――

● 「組み込み関数」とは何か
● format関数／メソッドの使い方
● 「モジュール」とは何か
● 日付や時刻のモジュールを活用

Python Programming

第6章 組み込み関数とモジュール

01 組み込み関数

　前章では、自分で関数を定義して利用する方法を学びましたが、前述の通り、Pythonには自分で作る関数のほかに、あらかじめ用意されていてすぐに利用できる「組み込み関数」があります。さらに、「モジュールをインポートして利用する関数」もあります。本章では、最初に組み込み関数を、次にモジュールを説明し、最後にモジュールの関数（オブジェクト）を操作する方法を解説します。

□組み込み関数とは

　Pythonには、自分で定義しなくてもすぐに利用できる組み込み関数が多数用意されています。例えば、第1章から登場しているprint関数は、組み込み関数の代表例の1つです。組み込み関数の種類は、Pythonのバージョンによって多少異なります。最新のバージョン3.7では、次のような組み込み関数が利用できます。

●Python バージョン3.7で利用できる組み込み関数

関数名	機能
abs()	引数の絶対値を返す
all()	イテラブルオブジェクトの全要素が真（もしくは空なら）Trueを返す
any()	イテラブルオブジェクトのいずれかの要素が真ならTrueを、空ならFalseを返す
ascii()	オブジェクトの印字可能な文字列を返す
bin()	整数を2進文字列に変換する
bool()	引数のブール値を返す
breakpoint()	デバッガのブレークポイント

関数名	機能
bytearray()	引数のバイト配列を返す
bytes()	引数のbytesオブジェクトを返す
callable()	引数が呼び出し可能なオブジェクトであればTrueを、そうでなければFalseを返す
chr()	Unicode文字を表す文字列を返す
classmethod()	メソッドをクラスメソッドに変換する
compile()	引数をASTオブジェクトにコンパイルする
complex()	文字列や数を複素数に変換する
delattr()	指名された属性を削除する
dict()	新しい辞書を作成する
dir()	オブジェクトの属性リストを返す
divmod()	整数の除法を行ったときの商と剰余を返す
enumerate()	リスト（配列）の要素とインデックスを取得する
eval()	文を式として評価する
exec()	文を実行する
filter()	引数の条件に沿う要素のみを抽出する
float()	数または文字列から浮動小数点数を生成する
format()	引数を書式化された表現に変換する
frozenset()	新しいfrozensetオブジェクトを返す
getattr()	オブジェクトの属性値を返す
globals()	現在のグローバルシンボルテーブルを辞書で返す

01

組み込み関数

関数名	機能
hasattr()	引数がオブジェクトの属性名ならTrueを、違う場合はFalseを返す
hash()	オブジェクトのハッシュ値を返す
help()	ヘルプシステムを起動する
hex()	引数を16進数で表現する
id()	オブジェクトのIDを返す
input()	入力から1行読み込み、文字列に変換して返す
int()	数値または文字列を整数オブジェクトに変換する
isinstance()	引数のインスタンス、もしくはサブクラスのインスタンスかを調べる
issubclass()	引数のサブクラスかどうかを調べる
iter()	引数のイテレータオブジェクトを返す
len()	オブジェクトの要素数を返す
list()	リストを生成する
locals()	現在のローカルシンボルテーブルを表す辞書を更新して返す
map()	すべての要素に適用するイテレータを返す
max()	最大の要素、または2つ以上の引数の中で最大のものを返す
memoryview()	オブジェクトのメモリビューオブジェクトを返す
min()	最小の要素、または2つ以上の引数の中で最小のものを返す
next()	次の要素を取得する
object()	新しいオブジェクトを返す
oct()	整数を8進文字列に変換する

関数名	機能
open()	ファイルを開き、そのファイルオブジェクトを返す
ord()	1文字のUnicode文字のUnicodeコードポイントを表す整数を返す
pow()	累乗を返す
print()	引数を標準出力に出力する
property()	プロパティ属性を返す
range()	連続した数字オブジェクトを生成する
repr()	オブジェクトの文字列を返す
reversed()	要素を逆順に取り出すイテレータオブジェクトを返す
round()	小数部を丸めた値を返す
set()	新しいセットオブジェクトを返す
setattr()	値を属性に関連付ける
slice()	スライスされたオブジェクトを返す
sorted()	要素を並べ替えた新たなリストを返す
staticmethod()	メソッドを静的メソッドに変換する
str()	数値を文字列オブジェクトに変換する
sum()	要素を左から右へ合計し、総和を求める
super()	親クラスにメソッドの呼び出しを委譲する
tuple()	タプルを生成する
type()	オブジェクトの型を返す
vars()	モジュール、クラス、インスタンスの __dict__ 属性を返す

01

組み込み関数

関数名	機能
zip()	オブジェクトの要素を集めたイテレータを生成する
__import__()	モジュールをインポートする

Memo　組み込み関数について詳細を知りたいときは、公式ドキュメントを翻訳したサイトがあるので参照してください。URLは以下の通りです。
https://docs.python.jp/3/library/functions.html

　実に多くの関数がありますね。ここでは、「format（フォーマット）関数」と「range（レンジ）関数」をピックアップして、その使い方を紹介します。

□format関数

　文字列の体裁のことを、「書式」または「フォーマット」と呼びます。例えば、金額を表す書式は、多くの場合「1,000」のように3桁区切りでカンマを挿入します。また、数字なら「右詰め」で表示したいと思うでしょうし、タイトル文字なら「中央揃え」で表示したいと思うでしょう。
　format関数は、このような書式を文字列に設定したり、文字列を変換したりするための関数です。format関数に指定する引数と、返り値は次の通りです。

format(value, format_spec)

引数	説明
value	変換前の値（文字列や数値など）
format_spec	書式指定文字列
返り値	書式化された文字列

142

format関数の1番目の引数には「変換前の値」、2番目の引数には「書式指定文字列」を指定します。書式指定文字列には、次のようなものがあります。引数に指定するときは、文字列なので「'」（シングルクォーテーション）で挟んで入力します。

●format関数の書式指定文字列

書式指定文字列	意味
<	左詰め（ほとんどのデフォルト）
>	右詰め
^	中央揃え
=	符号の後ろを埋める（数値型に対してのみ有効）
+	符号を、正数、負数の両方に指定する
-	符号を、負数に対してのみ指定する（デフォルト）
空白	正数なら空白を前に付け、負数なら負号を前に付ける
,	3桁区切りの区切り文字
_	浮動小数点数、整数の1000倍ごとの区切り文字
s	文字列
b	2進数

書式指定文字列	意味
c	文字
d	10進数
o	8進数
x	16進数（小文字表記）
X	16進数（大文字表記）
e	指数を示す「e」を使って指数表記
E	指数を示す「E」を使って指数表記
f	固定小数点数表記（小文字）。デフォルトの精度は6
F	固定小数点数表記（大文字）。デフォルトの精度は6
%	固定小数点数フォーマットで%付き

01

組み込み関数

143

では、このformat関数を使って「数値を3桁のカンマ区切りの文字列」に変換してみましょう。例えば、「100000000」という数字にカンマ区切りを入れるには、

```
format(100000000, ',')
```

のように記述します。実際に、Pythonのインタラクティブシェルを起動して実行してみてください（**図1**）。

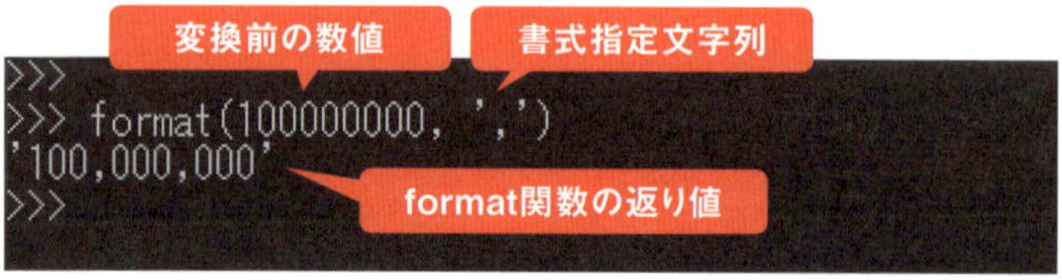

↑**図1** Pythonのインタラクティブシェルでformat関数を実行した例

　format関数を使えば、数値を2進数に変換することも簡単にできます。2番目の引数に書式指定文字列の「b」を指定して、

```
format(100000000, 'b')
```

のように書けば、「100000000」を2進数に変換できます（**図2**）。

↑**図2** format関数で10進数の数値を2進数に変換した例

　文字列の配置を指定することもでき、右詰めなら「>」、中央揃えなら「^」で指定します。いずれも、記号の右側に文字幅を指定します。30文字の幅の中で右詰めなら「>30」、中央揃えなら「^30」のように指定します。文字幅は半角の文字数です（**図3**）。

144

```
>>>
>>> format('日経', '>30')
'                            日経'
>>>
>>> format('日経', '^30')
'             日経             '
>>>
```

半角30文字分の幅の右詰め

半角30文字分の幅の中央揃え

⬆ 図3 format関数で、「日経」という文字列を半角30文字分の右端と中央に配置した例

□formatメソッド

　文字列のオブジェクトは、format関数をオブジェクトの機能として持っています。この場合、オブジェクトの機能なので「formatメソッド」と呼びます。

　formatメソッドを使う場合は、文字列の中に「置き換えフィールド」を「{}」で指定して置きます。すると、formatメソッドの引数に指定した値が、指定した書式に変換されたうえでそこに挿入されます。書式の指定は、「:」(コロン)の後ろに前述の書式指定文字列を指定します。その場合、「{:書式指定文字列}」のように置き換えフィールドを指定します。

　まずは、書式指定をせずに、文字列の置き換えだけをやってみましょう。「金額は○○円です。」という文字列の「○○」の部分に「100000000」という数字を入れるには、

```
'金額は{}円です。'.format(100000000)
```

のように書きます。これを実行すると図4のようになります。「{}」の部分に「100000000」という数字が挿入されましたね。

置き換えフィールド　　　　引数

```
>>>
>>> '金額は{}円です。'.format(100000000)
'金額は100000000円です。'
>>>
```

引数の値が挿入された

⬆ 図4 formatメソッドの使用例。置き換えフィールドの部分に数字が挿入されたことがわかる

01

組み込み関数

145

formatメソッドで書式を指定するには、この置き換えフィールドの部分に書式指定文字列を入れます。例えば、「:」に続けて「,」を入れ、

`'金額は{:,}円です。'.format(100000000)`

のようにすると、数字を3桁ずつカンマ区切りにできます（**図5**）。

○ **図5** formatメソッドで書式を指定した例。「:,」で3桁のカンマ区切りを指定できる

また、小数点以下の表示桁数を指定するには、「:」に続けて「.」（ドット）と桁数を指定する数字、そして書式指定文字列「f」または「F」を記述します。例えば、

`'小数点以下2桁まで表示{:.2f}'.format(1 / 3)`

のように書くと、1を3で割った結果「0.333333333……」のうち、小数点以下2桁未満を丸めて、「0.33」と表示します（**図6**）。

○ **図6** 書式指定文字列「f」を使って小数点以下2桁までを表示

同様に「%」を使って「{:.2%}」のように指定すると、小数点以下2桁までの%表示が可能です。

なお、formatメソッドの丸め方は単なる四捨五入ではなく、「偶数丸め」と呼ばれる方式なので注意が必要です。

同じように、文字列の配置も指定できます。30文字分の幅で右詰めにしたければ「|:>30|」、中央揃えなら「|:^30|」のように指定すればOKです（**図7**）。

```
>>>
>>> '左詰め:[:<30]'.format(3)
'左詰め:3                            '
>>> '右詰め:[:>30]'.format(3)
'右詰め:                            3'
>>>
>>> '中央揃え:[:^30]'.format(3)
'中央揃え:              3             '
>>>
>>> '中央揃え:[:^30]'.format(3.14)
'中央揃え:            3.14           '
>>>
```

半角30文字分の幅の左詰め

半角30文字分の幅の右詰め

半角30文字分の幅の中央揃え

半角30文字分の幅の中央揃え
（小数点も含まれる）

⬆図7 formatメソッドで文字列の配置を指定した例

　10文字分などと決めた文字幅の余った部分を別の文字で埋めたり、「＋」「−」などの符号との間を0で埋めたりすることもできます。その場合は埋めるための文字を書式指定文字列の左側に書きます（**図8**）。

```
>>>
>>> '右詰め:[:@>10]'.format(3)
'右詰め:@@@@@@@@@3'
>>>
>>> '右詰め:[:0=+10]'.format(3)
'右詰め:+000000003'
>>>
```

10文字分の幅の右詰めで、空いた部分を「@」で埋める

10文字分の幅で、符号の後ろを「0」で埋める
（+記号は10文字に含まれる）

⬆図8 文字列の配置を指定して、余った部分を別の文字で埋めた例

　なお、formatメソッドは複数の引数を持つことができ、複数の置き換えフィールドに対してそれぞれ文字列を挿入することができます。その場合、複数の引数には左から 0、1、2、…と番号が振られるので、この番号を利用して挿入する場所を指定します。置き換えフィールドを「|番号|」または「|番号:書式指定文字列|」のように指定してください。番号を省略した場合は、引数の順番通りに置き換えられます（次ページ**図9**）。

01

組み込み関数

147

```
>>>
>>> x = 'りんご'
>>> y = 'バナナ'
>>> z = 'みかん'
>>> '[] [] []'.format(x, y, z)
'りんご バナナ みかん'
>>>
>>> '[2] [1] [0] [2]'.format(x, y, z)
'みかん バナナ りんご みかん'
>>>
```

変数にそれぞれ文字列を代入

番号を指定しないと、引数の順番通り

指定した番号の引数が挿入される

⬆**図9** 引数の番号を利用して、挿入する場所を指定した例

□range関数

　組み込み関数の例としてもう1つ、range関数についても解説しておきます。range関数は連続した数字のオブジェクトを作る機能を持った関数です。引数と返り値は次の通りです。

range(start, stop[, step])	
引数	説明
start	開始する値（指定しない場合は0）
stop	終了する値（この値は含まれない）
step	ステップ数（省略した場合は1）
返り値	書式化された文字列

　例えば、「1から始まり、4まで1ずつ増えるオブジェクト」を作るなら、

```
range(1, 5)
```

のように書きます。「開始する値」に「1」、「終了する値」に「5」を指定すればOKです。「終了する値」はオブジェクトに含まれないので、「5」と指定する点に注意してください。1ずつ増えるのであれば、ステップ数は省略できます。実際にインタ

148

ラクティブシェルで確認してみましょう（**図10**）。

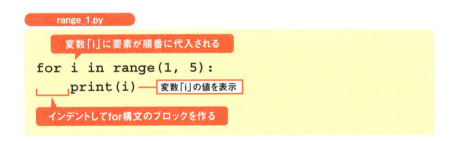

⬆ **図10** インタラクティブシェルでrange関数を実行したところ。list関数でリストに変換すると、オブジェクトの要素を表示できる

　プロンプトに「range(1, 5)」と入力して「Enter」キーを押し関数を実行すると、「range(1, 5)」のように表示されます。これは命令ではなく、「1から始まり4まで1ずつ増えるオブジェクト」を表します。range関数の実行により作成されたオブジェクトが表示されているわけです。この「range(1, 5)」の要素を表示するには、list関数を使います。

　print関数で要素を表示したい場合は、for構文を使って要素を順番に取り出しながら表示する方法があります。次のコードを「range_1.py」という名前で保存して、Anaconda Promptから実行してみてください。

range_1.py

変数「i」に要素が順番に代入される

```
for i in range(1, 5):
    print(i)
```

変数「i」の値を表示

インデントしてfor構文のブロックを作る

　for構文を使った「range_1.py」を実行すると、オブジェクト内の要素が順番に表示されてくるはずです（次ページ**図11**）。確かに、オブジェクトの中には「1」「2」「3」「4」が入っていますね。

○ 図11 「range_1.py」を実行した様子。「range(1, 5)」の要素が1つずつ順番に表示される

続いて、range関数の3番目の引数「ステップ数」を使い、増分を指定してみましょう。例えば「10から始まり30まで5ずつ増えるオブジェクト」であれば、

```
range(10, 31, 5)
```

というコードで作ることができます。2番目の引数「終了する値」は、オブジェクトに含まれないので、これを「30」にすると「30」がオブジェクトに含まれません。「30」を含むようにするには、1を加えて「31」と指定する必要がある点に注意してください。

これもfor構文を使って確認してみましょう。結果は図12のようになるはずです。

range_2.py

```
for i in range(10, 31, 5):
    print(i)
```
10から始まり30まで5ずつ増えるオブジェクト

○ 図12 「range_2.py」を実行した結果。10から30まで5ずつ増える値が順番に表示された

練習 Practice

Q 前期比何%かを小数点以下1桁まで表示

前期と今期の実績を入力すると、前期比何％かを計算し、「前期比○○％です。」のように表示するようにしてください。なお、前期比は小数点以下1桁までの表記とします。

```
(base) C:\Users\pc21>python growth_rate.py
前期売上を入力：1245000
今期売上を入力：1453000
前期比116.7%です。

(base) C:\Users\pc21>
```

前期と今期の実績を入力
小数点以下1桁までの％表示

A

前期と今期の実績をinput関数で入力させる方法は、繰り返し紹介してきましたね。ポイントは、今期の実績を前期の実績で割った結果を、formatメソッドで書式設定して表示させる方法です。「前期比」「です。」という2つの文字列の間に、「{:.1%}」のように指定すれば、小数点以下1桁の％表示で、引数に指定した数値を表示させることができます。

growth_rate.py

```python
prev = float(input('前期売上を入力:'))
this = float(input('今期売上を入力:'))
growth = this / prev
print('前期比{:.1%}です。'.format(growth))
```

第6章 組み込み関数とモジュール

02 「モジュール」とは

　この章の初めに、Pythonにはあらかじめ用意されていてすぐに利用できる「組み込み関数」と、「モジュールをインポートして利用する関数」があると書きました。ここでは、後者の「モジュール」について説明しましょう。

　モジュールとは、複数の関数（オブジェクト）を1つのファイルにして、再利用できるようにしたものです。Pythonには、インストールしただけで利用できるモジュールや、「Anaconda」のパッケージに付属してくるモジュール、インターネット上で公開されていて、サイトからダウンロードして利用するモジュールなど、膨大な数のモジュールがあります。

□モジュールの利用方法

　試しに、Pythonにもともと用意されているモジュールを利用してみましょう。例えば「calendar」というモジュールが標準で付属しているので、これを使ってモジュール操作の基本を確認します。

　まず、「Atom」などのテキストエディターで次のコードを入力します。それを「calendar_1.py」という名前で保存してください。

calendar_1.py

```
import calendar
print(calendar.month(2020, 1))
```

「Calendar」モジュールのインポート
2020年1月のカレンダーを表示

モジュール名　関数名　2020年1月

　プログラムファイルを保存できたら、Anaconda Promptを起動して実行します。「python calendar_1.py」と入力して「Enter」キーを押すと、2020年1月のカレンダーが表示されるはずです（**図1**）。

⬆️図1 Anaconda Promptを起動して「calendar_1.py」を実行すると、2020年1月のカレンダーが表示される

この「calendar_1.py」では、最初に<mark>「import」</mark>というキーワードを使って、

```
import calendar
```

モジュール名

と記述して、calendarモジュールをインポートしています。これにより、calendarオブジェクトが利用できるようになります。このように、<mark>モジュールを利用するために最初に書く1文を「import文」</mark>と呼びます。

モジュールを利用するためのimport文

import モジュール名

そして、month関数で1カ月分のカレンダーを取得し、その結果をprint関数で表示しています。month関数を使うときは、それがcalendarモジュールに属するものだとわかるように、<mark>モジュール名の後ろに「.」(ドット)を付けて関数名を記述します</mark>。

モジュールに含まれる関数を実行する

モジュール名.関数名 ( )

153

month関数の引数には、年と月だけを指定しました（ほかにも、表示間隔を指定できます）。こうして、たった2行のプログラムを書くだけでカレンダーを表示できるわけです。

　このように、モジュールは関数やオブジェクトを内部に保持しています。そして、モジュール内の関数やオブジェクトは、インポートすることで、自分のプログラムから利用できるようになります。

□モジュールの作り方

　「calender」モジュールのように、標準で用意されたモジュールもありますが、モジュールは自分で作ることもできます。自分で作成した関数をモジュールにまとめて保存しておけば、必要なときにそれをインポートして使えるわけです。

　これまで、Pythonのプログラムを書いてファイルに保存するときは、エディターでコードを入力して、「.py」という拡張子を付けて保存してきました。実は、これと同じ作り方でモジュールのファイルも作ることができます。

　手始めに、簡単な関数のみを定義したモジュールを作成してみましょう。次のコードを入力して、適当なフォルダーに保存してください。ファイル名は「my_module.py」とします。

```
# coding: utf-8        ◀ ファイルのエンコード

def add(x, y):
    return x + y        ◀ オリジナルのadd関数（足し算をする）
def multi(x, y):
    return x * y        ◀ オリジナルのmulti関数（掛け算をする）
```

Memo　1行目の「# coding: utf-8」は、"マジックコメント"と呼ばれ、ソースファイルのエンコードを示します。Pythonのバージョン3はデフォルトでUTF-8が適用されるため、必ずしも必要な記述ではありませんが、お作法として記述しておきましょう。

次に、このモジュールをインポートして利用するプログラムを作成します。「my_module.py」を保存したフォルダーと同じ場所に、「module_test_1.py」という名前で保存します。

module_test_1.py

```
import my_module          ←「my_module」のインポート

in_x = int(input('1つ目の整数を入力:'))    ┐ キー入力した数字を
in_y = int(input('2つ目の整数を入力:'))    ┘ 整数に変換して
                                            変数「in_x」と
                                            変数「in_y」に代入

print(my_module.add(in_x, in_y))     ← add関数を実行して表示
print(my_module.multi(in_x, in_y))   ← multi関数を実行して表示
```

ファイルを保存できたら、Anaconda Promptで実行してみましょう。キーボードから入力した2つの数字を足し算した結果と掛け算した結果が、順番に表示されましたね（**図2**）。

○ 図2　「module_test_1.py」を実行した様子。キーボードから2つの数字を順番に入力すると、それらの和と積が表示される。「my_module.py」で定義した関数を利用できていることがわかる

このように、モジュールは利用する前にインポートすることで、モジュール内の関数やオブジェクトが利用できるようになります。

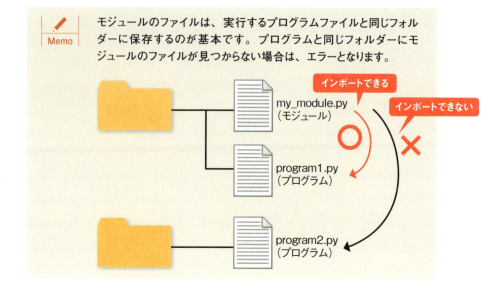

□モジュールから個別の関数をインポート

1つのモジュールには複数の関数を含ませることができますが、モジュールファイル内の個別の関数をインポートして使うこともできます。その場合は、

```
関数を個別にインポートする
from モジュール名 import 関数名
```

のように記述してインポートします。関数名を指定してインポートすると、「モジュール名.関数名」のようにモジュール名とドットを付けなくても、関数名を書くだけで利用できるようになるのがメリットです。

試しに、先ほどの「my_module.py」からadd関数だけをインポートしてみましょう。やはり「my_module.py」を保存したのと同じフォルダーに、「module_test_2.py」として次のコードを保存してください。

`module_test_2.py`

```
from my_module import add     ←「my_module」のadd関数だけインポート

in_x = int(input('1つ目の整数を入力:'))
in_y = int(input('2つ目の整数を入力:'))

print(add(in_x, in_y))        ← add関数を実行して表示（モジュール名は不要）
print(multi(in_x, in_y))      ← multi関数を実行して表示（エラーになる）
```

「module_test_2.py」を実行すると、インポートしたadd関数はきちんと実行されましたね（**図3**）。一方、同じような書き方で実行しようとしたmulti関数は、インポートしていなかったのでエラーとなります。

○ 図3 「module_test_2.py」を実行した結果。add関数は呼び出せたが、multi関数は「定義されていない」という意味のエラーになる

もし、<u>複数の関数を同時にインポートする場合は、「,」（カンマ）で区切って関数を指定します</u>。

```
from my_module import add, multi
```
「my_module」のadd関数とmulti関数をインポート
カンマで区切る

Memo　Pythonのモジュールには、「ドット付きモジュール名」を使って「サブモジュール」「サブサブモジュール」のような階層構造を持つ大きなモジュールを作ることができます。このように、構造化したモジュールのことを「パッケージ」と呼びます。

練習 Practice

Q BMI計算用のモジュールを作って活用

「bmi_module.py」という名前で、次のbmicalc関数を定義したモジュールを作りました。このモジュールからbmicalc関数を呼び出して、キーボードから入力した体重と身長に応じたBMIを計算し、小数点以下2桁まで表示するプログラムを作成してみましょう。

bmi_module.py

```
# coding: utf-8
def bmicalc(w, h):
    return w / (h**2)
```

```
(base) C:\Users\pc21>python module_test_3.py
体重(kg)を入力:71.5     ─ 体重と身長を入力
身長(cm)を入力:166
BMI:25.95              ─ BMIを小数点以下2桁まで表示

(base) C:\Users\pc21>
```

A

まず、import文でモジュールをインポートします。モジュール名は「bmi_module」です。ここでは関数名も指定してインポートしました。input関数で体重と身長を入力させ、変数「weight」と変数「height」に代入したら、この2つを引数に指定してbmicalc関数を呼び出します。あとは、その返り値を変数「bmi」に入れ、formatメソッドで小数点以下2桁まで表示するよう、「{:.2f}」のように書式指定文字列を指定すればOKです。

module_test_3

```
from bmi_module import bmicalc
weight = float(input('体重(kg)を入力:'))
height = float(input('身長(cm)を入力:')) / 100
bmi = bmicalc(weight, height)
print('BMI:{:.2f}'.format(bmi))
```

第6章 組み込み関数とモジュール

03 モジュールを活用する

　モジュールのさらなる活用例を紹介する前に、「オブジェクト指向」という考え方について確認しておきましょう。

　Pythonは、「オブジェクト指向言語」と呼ばれています。「オブジェクト指向を、できるだけ簡単に説明してほしい」と尋ねられることがよくありますが、正直、すべての人が理解できるように説明することは困難です。それでも、あえて言葉にするとすれば、次のようにいえるでしょう。

　「オブジェクト指向とは、システム（アプリケーション）を、オブジェクト同士の相互作用で設計する考え方である」（**図1**）。

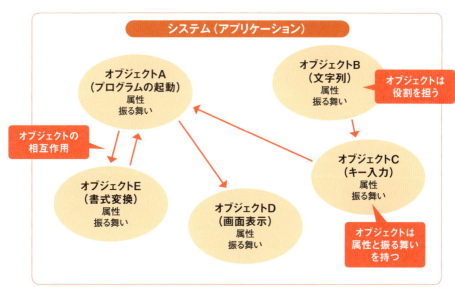

🔽 図1　オブジェクト指向のイメージ図。属性と振る舞いを持った複数のオブジェクトが、それぞれ役割を担って相互に作用する

159

このときの「オブジェクト」とは、「役割や機能、データを持ったプログラムの固まり」を指します。つまり「オブジェクト指向言語」とは、「オブジェクトというプログラムを組み合わせてプログラミングできる言語である」ということです。
　そのため、これまでに登場してきた、変数、リテラル、演算子、関数などは、すべてPythonのオブジェクトです。そして、最初に登場した「データ型」も、実はオブジェクトです。この「型」を表現するオブジェクトは、「クラス」によって定義されます。

Memo　クラス定義から生成したオブジェクトのことを、「インスタンス」と呼びます。

□「クラス」とは

　クラスとは、オブジェクトの設計図のようなもので、コンストラクタ、メソッド、属性などの定義からなります（図2）。

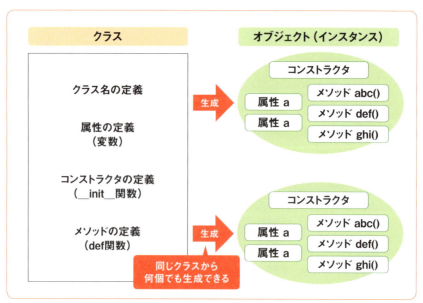

🔼 図2 クラス定義のイメージ

次の表は、クラスから生成されたオブジェクトを構成する要素と、その使い方です（**図3**）。

名前	説明	一般的な使い方
コンストラクタ	オブジェクトを生成する際に自動的に呼び出される、もしくは呼び出す関数。返り値が生成されたオブジェクト（の参照）となる	obj = コンストラクタ名(引数リスト)
メソッド	オブジェクトとひも付いた関数。通常の関数定義をクラス定義の中で行っている	オブジェクト名.メソッド名 (引数リスト)
属性	オブジェクトとひも付いた変数	オブジェクト名.属性名

⬆図3 オブジェクトを構成する要素と、その使い方

本書ではオブジェクト指向についてこれ以上深くは説明しませんが、モジュールの解説にはクラスに関連する用語が多数登場します。上記の内容は、最低限理解しておきましょう。

ここでは、できるだけ基本となる要素だけを紹介しています。実際のクラス定義では、スーパークラス、サブクラス、クラスメソッド、クラス属性、プロパティなどさまざまな要素を定義します。

Pythonでは、オブジェクト内のコンストラクタ、メソッド、変数など「オブジェクトが内包するもの」を、すべて「オブジェクトのattribute（属性）」と呼びます。オブジェクト指向の「属性」と意味が異なるので注意してください。

□datetimeモジュール

Pythonで利用できるモジュールには膨大な数があります。ここでは「日付を扱うオブジェクト」が格納された「datetime」というモジュールを紹介しながら、オブジェクト操作の練習をしましょう。

datetimeモジュールは複数のオブジェクトからなり、日付を扱う「dateオブジェクト」、時刻を扱う「timeオブジェクト」、日時の差を計算する「timedelta」オブジェクトなどで構成されています。

●dateオブジェクト

dateオブジェクトは、年、月、日を扱うオブジェクトです。次のような属性、コンストラクタ、メソッドを持ちます（**図4**）。

名前	種類	説明
year、month、day	属性	自身のオブジェクトが保持する年、月、日の値。yearは、1から9999までの値。monthは、1から12までの値。dayは、1からその月の最終日までの値
date(year, month, day)	コンストラクタ	引数に、年、月、日 を表す整数を渡し、dateオブジェクトを生成する
today()	メソッド	現在のローカルな日付のdateオブジェクトを返す
strftime(format)	メソッド	formatに書式文字列を指定すると、その書式に従った日付を表現する文字列を返す
weekday()	メソッド	月曜日を0、日曜日を6として、曜日を整数で返す

⬆ **図4** dateオブジェクトを構成する要素

dateオブジェクトを取得し、表にあるメソッドを確認してみましょう。年、月、日のそれぞれの値は、dateオブジェクトのyear属性、month属性、day属性に保持されています。次の「datetime_1.py」を試してみてください。

datetime_1.py

```python
from datetime import date    # datetimeモジュールの
                             # dateオブジェクトをインポートする

week = ['月', '火', '水', '木', '金', '土', '日']
                             # リスト「week」に曜日の文字を準備しておく

sample_today = date.today()  # todayメソッドで
                             # "今日"のdateオブジェクトを取得

print('{}年'.format(sample_today.year))
print('{}月'.format(sample_today.month))    # "今日"の年、月、日を
print('{}日'.format(sample_today.day))      # それぞれ表示

print(sample_today.strftime('%Y/%m/%d'))
                             # strftimeメソッドで書式を指定して"今日"を表示

print('今日は、{}曜日'.format(week[sample_today.weekday()]))
                             # weekdayメソッドで曜日を調べて、それに応じた曜日の文字をリスト「week」から取得して表示
```

　このプログラムを実行すると図5のような結果になります。dateオブジェクトの各種メソッドを用いて取得した値を文字列と一緒に表示するために、formatメソッドを利用しています。formatメソッドについては145ページで説明しましたね。

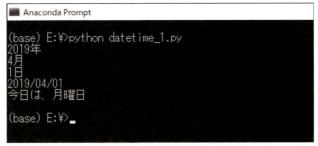

○図5 Anaconda Promptを起動して「datetime_1.py」を実行した結果。その日の日付を取得して情報を表示する

●timeオブジェクト

timeオブジェクトは、時刻を扱うオブジェクトです。次のような属性、コンストラクタ、メソッドを持ちます（**図6**）。

名前	種類	説明
hour、minute、second、microsecond、tzinfo	属性	自身のオブジェクトが保持する時、分、秒、マイクロ秒、タイムゾーンの値。以下の範囲になる。 0 <= hour < 24 0 <= minute < 60 0 <= second < 60 0 <= microsecond < 1000000
time(hour=0, minute=0, second=0, microsecond=0, tzinfo=None)	コンストラクタ	引数に、時、分、秒を渡し、timeオブジェクトを生成する。マイクロ秒単位での指定や、タイムゾーンを指定することもできる
strftime(format)	メソッド	formatに書式文字列を指定すると、その書式に従った時刻を表現する文字列を返す

△**図6** timeオブジェクトを構成する要素

timeクラスのコンストラクタを利用して、7時30分45秒の情報を持ったtimeオブジェクトを作成してみましょう。次のコードを保存して実行してみてください。

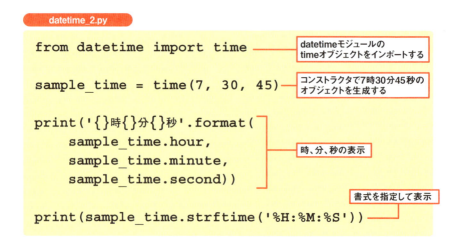

datetime_2.py

```
from datetime import time          # datetimeモジュールの
                                    # timeオブジェクトをインポートする

sample_time = time(7, 30, 45)      # コンストラクタで7時30分45秒の
                                    # オブジェクトを生成する

print('{}時{}分{}秒'.format(
    sample_time.hour,
    sample_time.minute,             # 時、分、秒の表示
    sample_time.second))

                                    # 書式を指定して表示
print(sample_time.strftime('%H:%M:%S'))
```

時刻のデータは、各属性の値として保持されています。またstrftimeメソッドを使うと、特定の書式を設定した時刻の文字列を出力することもできます（**図7**）。

○ **図7**「datetime_2.py」の実行結果。「7時30分45秒」という情報を持ったtimeオブジェクトを生成し、その情報を表示させている

Memo　Pythonでは、長い文字列をコード内に記述する際、「¥」記号またはバックスラッシュ(\)を行末に入力すると、次の行に継続していると見なされます。また、{ }、( )、[ ] やカンマ(,)などの区切り部分では、「¥」やバックスラッシュなしでも継続として扱ってくれる場合があります。「datetime_2.py」の

```
print('{}時{}分{}秒'.format(
    sample_time.hour,
    sample_time.minute,
    sample_time.second))
```

という部分がこれに該当します。このコードは、本来は1行分に相当する1つの命令です。

●timedeltaオブジェクト

timedeltaオブジェクトは、2つのdate、time、datetimeオブジェクトの差を計算するオブジェクトです。次のようなコンストラクタを持ちます（**図8**）。

名前	種類	説明
timedelta(days=0, seconds=0, microseconds=0, milliseconds=0, minutes=0, hours=0, weeks=0)	コンストラクタ	指定した「経過時間」を表すtimedeltaオブジェクトを生成する。経過時間は、日、秒、マイクロ秒、ミリ秒、分、時、週の値で引数に渡す。すべての引数が省略可能でデフォルト値は0。引数は整数、浮動小数点数のいずれでもOK。正、負どちらでも計算できる

⬆図8 timedeltaオブジェクトを構成するコンストラクタ

例えば、2019年5月1日の200日後を調べるには、まずdateオブジェクトのコンストラクタを使い2019年5月1日オブジェクトを生成します。続いてこのdateオブジェクトに、200日分のtimedeltaオブジェクトを生成して加えます。次の「datetime_3.py」は具体的なコード例です。

datetime_3.py

```python
from datetime import date
from datetime import timedelta

sample_date = date(2019,5,1)
sample_timedelta = timedelta(days = 200)

later = sample_date + sample_timedelta
print('2019年5月1日の200日後は、{}年{}月{}日'
      .format(later.year, later.month, later.day))

new_year = date(2020, 1, 1)
diff = new_year - sample_date
print('2019年5月1日から2020年1月1日まで{}日'
      .format(diff.days))
```

- datetimeモジュールのdateオブジェクトをインポートする
- datetimeモジュールのtimedeltaオブジェクトをインポートする
- 2019年5月1日のdateオブジェクトを生成
- 200日のtimedeltaオブジェクトを生成
- 2019年5月1日に200日を加える
- 200日後を表示
- 2020年1月1日のdateオブジェクトを生成
- 2020年1月1日から2019年5月1日を引く
- 日数差を表示

ただし、2019年5月1日から2020年1月1日までの日数を調べたい場合は、timedeltaオブジェクトを生成せずに、単純に2020年1月1日のdateオブジェクトから2019年5月1日のdateオブジェクトを引けばOKです。「datetime_3.py」の最後では、dateオブジェクト同士の引き算で日数を求めています（**図9**）。

```
Anaconda Prompt

(base) E:\>python datetime_3.py
2019年5月1日の200日後は、2019年11月17日
2019年5月1日から2020年1月1日まで245日

(base) E:\>
```

⬆ **図9**「datetime_3.py」の実行結果

Column

　「モジュール」という仕組みは、なぜ用意されているのでしょうか。そもそも、Pythonには「組み込み関数」があるので、ある程度のことは組み込み関数だけで行うことができます。

　しかし、実際にプログラミングを始めると、組み込み関数だけでは機能が足りないことがよくあります。例えば、日付を利用したプログラムを作りたい場合、組み込み関数に日付を取得する関数はありません。

　そのため、昔のPythonプログラマーは、システムから日付の情報を取得するC言語などの関数を、Pythonから利用できるように改造して使っていました。このようなPythonの外部にある関数を「外部関数」、複数の外部関数をまとめたものを「外部関数ライブラリ」または「ライブラリ」と呼んでいます。

　このライブラリには、便利な関数がたくさん含まれていますが、これらの関数をすべて「Pythonの組み込み関数」に含めてしまうと、Python自体のサイズが大きくなりすぎます。また、すべてのプログラマーがすべてのライブラリの関数を必要としているわけでもありません。

　そこで、「モジュール（パッケージ）」という標準化された形でライブラリだけを配布するようにして、必要なものだけをインポートして使えるようにしたわけです。

 目標となる日付まであと何日?

作業の終了予定日やイベントの開始日など、ある日付まで残り何日かを計算できるようにしましょう。年、月、日の数字を整数で入力すると、「残り〇日です。」と表示するプログラムを作ってください。

```
(base) E:¥>python datetime_4.py
何年？：2020
何月？：7          年、月、日を入力
何日？：1
残り440日です。    残り日数を表示

(base) E:¥>
```

A まず、import文でdatetimeモジュールのdateオブジェクトをインポートします。input関数で年、月、日を入力させ、その値を基に目標日のdateオブジェクトを生成します。今日の日付をtodayメソッドで取得し、それを目標日から引けば、残り日数がわかります。dateオブジェクト同士の差から日数だけを取得するには、timedeltaオブジェクトのdaysメソッドを使います。

datetime_4.py

```
from datetime import date
y = int(input('何年?:'))
m = int(input('何月?:'))
d = int(input('何日?:'))
target_date = date(y, m, d)
today_date = date.today()
remaining = target_date - today_date
print('残り{}日です。'.format(remaining.days))
```

第7章

Webスクレイピング

01 Web技術（HTML、CSS、JavaScript）

02 WebからHTMLをダウンロード

03 特定データの取り出し

― この章で学ぶこと ―

●Webページが表示される仕組み
●Webスクレイピングの基本
●「正規表現」で文字列を検索
●日経平均株価を取得する方法

第7章　Webスクレイピング

01 Web技術（HTML、CSS、JavaScript）

　前章までに、Pythonプログラミングの基礎は押さえられたと思います。そこで第7章からは、より実践的なプログラミングに挑戦してみましょう。この章で紹介するのは、「Webスクレイピング」のプログラムです。

　Webスクレイピングとは、簡単にいえば「Webページから情報を自動的に取り出す」ことです。もちろん、欲しい情報はWebブラウザーに表示されているので、手動でコピーすればいつでも取り出せます。しかし、Webサイトの情報が毎日更新される場合や、複数のWebサイトを巡回して情報を取得する必要がある場合、1つずつ手作業でコピーするよりも、プログラムで自動化したほうがはるかに簡単です。

　今回はWebスクレイピングの例として、「日本経済新聞 電子版」のWebページから「日経平均株価」を取り出すプログラムを作成してみましょう（**図1**）。

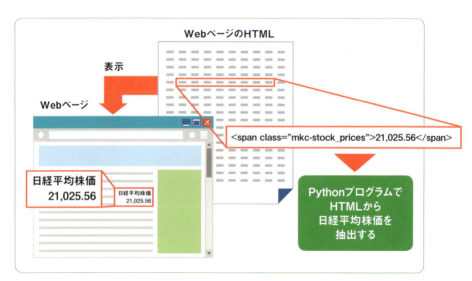

🔵 図1　「Webスクレイピング」のイメージ。Webページの基となるHTMLから、プログラムで自動的にデータを取得する

Webページが表示される仕組み

　Webスクレイピングを行うには、そもそもWebの仕組みを理解していなくてはいけません。まずはWebの仕組みを復習しておきます。

　Webページの閲覧は、Webページが保存されている(もしくはWebページを生成する)「Webサーバー」に対して、クライアント(パソコンやスマホのブラウザーなど)から、Webページを要求(リクエスト)するところから始まります(**図2**)。Webサーバーは、リクエストを受信すると、リクエストに応じたWebページを用意して、要求したクライアントにHTMLデータで返信します。これを「レスポンス」と呼びます。このような、Webで用いられる通信は、「HTTPプロトコル」という通信規約にのっとっています。

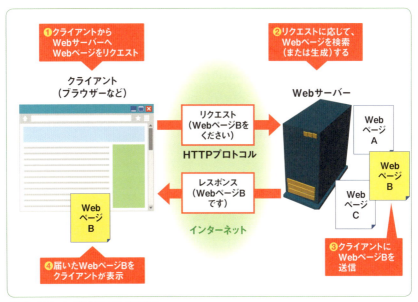

○ 図2 Webページが表示される仕組み

　このような仕組みで、ブラウザーにWebページが表示されるのですが、レスポンスとしてクライアントに送信されるデータは「HTML」と呼ばれるデータです。Webページのデータを構成する技術には、HTMLのほかに「CSS」や「JavaScript」があるので、基礎的な解説をしておきます。

◻HTML

HTMLは「HyperText Markup Language」の略で、Webページを作成するために開発された言語です。「HyperText(ハイパーテキスト)」とは、文書中に「リンク」を埋め込むことができる「ハイパー(高機能)な文書」という意味です。この技術により、閲覧中の文字列をクリックするだけで、別の文書に移動することが可能になります。

試しに、簡単なWebページを作成してみましょう。テキストエディターで次のコードを入力します。

index_1.html

```html
<!DOCTYPE html>
<html lang="ja">
  <head>
    <meta charset="UTF-8">
    <title>Python Web サーバー</title>
  </head>
  <body>
    ようこそ、Python Web サーバーです。
  </body>
</html>
```

入力できたら、「index_1.html」というファイル名で保存します。保存場所は、Anaconda Promptを起動したときに表示される、標準のカレントディレクトリとしてください(**図3、図4**)。

◐**図3** Anaconda Promptを起動した直後のカレントディレクトリ。標準ではユーザー名(ここでは「pc21」)のフォルダーになる。この場所に上記の「index_1.html」を保存する

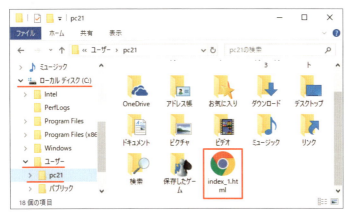

○ 図4 保存した「index_1.html」。ここでは「Google Chrome」をデフォルト（既定）のWebブラウザーに設定しているので、Chromeのアイコンになっている

ここで「index_1.html」に記述したコードがHTMLです。HTMLは、「タグ」を使って文書を構造化します。タグは、次のような構文で記述します。

今回作成した「index_1.html」を見ると、先頭に「<!DOCTYPE html>」とありますが、これはHTML文書であることを宣言するもので、タグではありません。2行目にある「<html lang="ja">」からが、HTMLのタグです。

HTMLのタグは、開始タグから始まり終了タグで終わります。これを「要素（Element）」と呼びます。開始タグと終了タグの間を「内容」と呼び、内容には文章や、ほかの要素を記述します。内容にほかの要素を組み込む場合、要素が入れ子状に階層構造をなします。このとき、タグの内容にタグがある状態を親子関係に見立て、外側の要素を「親要素」、内側の要素を「子要素」と呼びます。

開始タグには、付加情報として「属性」を付けることができます。属性は「属

性名」と「属性値」がペアになっていて、複数設定することができます。

なお、「<meta charset="UTF-8">」のように、開始タグだけの要素もあります。

□PythonのWebサーバーを起動

Anacondaには、Pythonコマンドで起動できるWebサーバーソフトが同梱されています。お使いのパソコンを仮のWebサーバーにして、Webページの表示を試すことが可能です。そこで、Webサーバーを起動してブラウザーからアクセスし、「index_1.html」をリクエストして表示してみましょう。

それには、Anaconda Promptを起動して、次のPythonコマンドを実行します。カレントディレクトリは標準状態のまま（「index_1.html」を保存したフォルダー）になっていることを確認してください。

```
python -m http.server 8000
```

と入力して「Enter」キーを押した後、

```
Serving HTTP on 0.0.0.0 port 8000
(http://0.0.0.0:8000/) ...
```

のように表示されれば、Webサーバーが起動しています。このとき、通信を許可するかを確認するダイアログが表示された場合は、「アクセスを許可する」ボタンをクリックしてください（**図5**）。

Webサーバーが起動した状態になったら、ブラウザーからアクセスします。アドレスバーに、次のように入力して「Enter」キーを押します。

```
http://127.0.0.1:8000/index_1.html
```

この「127.0.0.1」というアドレスは、自分自身のIPアドレスを表しています。「8000」は通信ポートです。どちらもデフォルトの設定なので、この通りに入力すればブラウザーに「index_1.html」の内容が表示されるはずです（**図6**）。

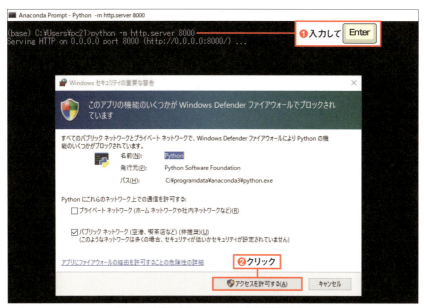

⬆ 図5 AnacondaでWebサーバーを起動したところ。図のような警告が表示されたら「アクセスを許可する」をクリックする

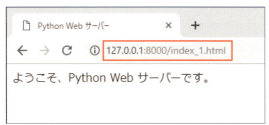

⬅ 図6 AnacondaのWebサーバーを起動して、ブラウザーから「index_1.html」にアクセスした様子

　実は、「index_1.html」を直接ブラウザーで開いても同じように表示されるのですが、図6ではアドレスバーがファイルのパスではなく、スラッシュで区切られたURLになっていますね。これで、Webサーバーからのレスポンスであることがわかります。

□CSSとは

続いて、「CSS」について解説しましょう。CSSは「Cascading Style Sheets」の略で、Webページのスタイル（見た目、デザイン）を指定するための言語です。CSSが登場する以前は、タグの属性にスタイルを指定することが多く、さまざまなスタイルがブラウザーメーカーにより定義されました。その結果、互換性の問題（ブラウザーによって同じHTMLの表示が異なってしまう問題）が発生しました。

そこでCSSという規格が制定され、「HTMLは文書の構造を定義する」、「CSSはデザインを定義する」というように役割を分け、HTMLとCSSの2つを用いて1つのWebページを作成するようになりました（**図7**）。

CSSの構文は、どのタグを装飾するのかを決める「セレクタ」と、装飾する内容（プロパティ）とその値のペアで指定します。

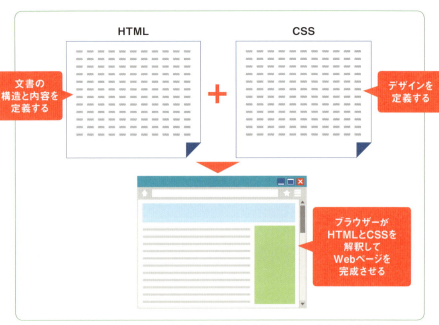

図7 HTMLとCSSの関係。HTMLで文書の構造と内容を定義し、CSSでデザインを定義する

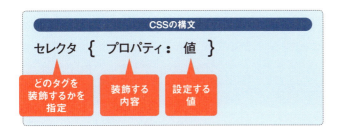

　それでは、簡単なHTML文書にCSSでスタイルを設定してみましょう。CSSは、HTMLファイルとは別のファイルとして保存し、これをHTMLファイルから呼び出して使うのが一般的です。ただし、HTMLの記述の中に含ませることもできるので、ここではHTMLファイルに直接書き込む方法で練習してみます。次の「index_2.html」を作成し、先ほどと同じフォルダーに保存してください。

index_2.html

```html
<!DOCTYPE html>
<html lang="ja">
  <head>
    <meta charset="UTF-8">
    <title>初めてのCSS</title>
    <style type="text/css">
      h2 {
        color: red;
      }
    </style>
  </head>
  <body>
    <h1>デフォルトは黒くなります。<h1>
    <h2>h2要素はCSSにより赤くなります。</h2>
  </body>
</html>
```

HTMLの中にCSSのコードを書き込むには、style要素を使います。styleタグの内容としてCSSのコードを書けばOKです。「index_2.html」では「h2」というタグで囲んだ内容（h2要素）を赤色にするように設定しました。この「index_2.html」を先ほどと同様にブラウザーで開くと、h2タグで囲んだ文章だけ赤色になります（**図8**）。

◎**図8** style要素でCSSを記述した「index_2.html」をブラウザーで開いた様子。文章は標準で黒色になるが、h2要素の文章は赤色で表示される

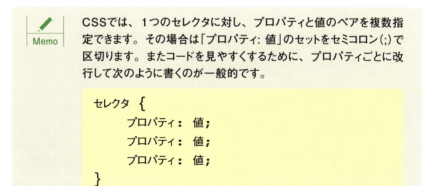

Memo　CSSでは、1つのセレクタに対し、プロパティと値のペアを複数指定できます。その場合は「プロパティ: 値」のセットをセミコロン（;）で区切ります。またコードを見やすくするために、プロパティごとに改行して次のように書くのが一般的です。

```
セレクタ {
    プロパティ: 値;
    プロパティ: 値;
    プロパティ: 値;
}
```

☐JavaScript

Webページを構成するもう1つの重要な要素「JavaScript」についても理解しておきましょう。

JavaScriptは、Pythonと同じくプログラミング言語の一種です。主にブラウザーなどのクライアント上で動作するのが特徴です。Webページでは、動きのないHTMLに対し、さまざまな動きを与えるために用いられます。

例えば、ユーザーが「マウスでクリックする」「キー入力する」といった操作を行うことを、JavaScriptでは「イベントが発生した」と呼びます。JavaScriptを使うと、この「イベント」が発生したとき、イベントに割り当てられた関数を自動的に呼び出すことができます。

実際のコードで確認してみましょう。次のような「index_3.html」を作成します。

---

index_3.html

```html
<!DOCTYPE html>
<html lang="ja">
  <head>
    <meta charset="UTF-8">
    <title>初めてのイベント</title>
    <script>
      function test() {
        alert('test関数がonclickイベントで呼び出されました。')
      }
    </script>
  </head>
  <body>
    <input type="button" value="アラート表示"
    onclick="test()">
  </body>
</html>
```

- HTMLのscriptタグに、JavaScriptのコードを記述
- アラート画面を表示する
- test関数の定義
- ボタンを表示するinputタグ
- onclickイベントによる関数呼び出し

CSSと同様、JavaScriptのプログラムも別のファイルに記述して保存することが多いのですが、今回は単純化するためにHTMLファイルの中にJavaScriptのコードを含ませています。その場合、JavaScriptのコードは「script」というタグに囲んで記述します。

　HTMLの「input」タグは、Webページ上にボタンや入力欄を表示させられるタグです。「type="button"」という属性を指定すると、ボタンを表示できます。さらに「onclick」という属性にJavaScriptのtest関数を割り当てました。こうすると、ボタンをクリックしたときに、scriptタグで定義したJavaScriptのtest関数が呼び出されるようになります。これで、ボタンを押すとアラート画面を表示するWebページを作ることができます（**図9**）。

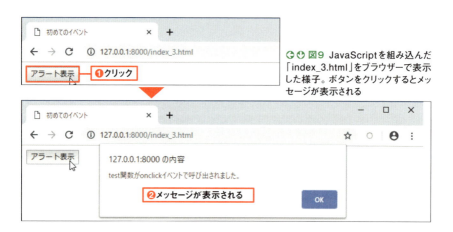

◎◎ 図9 JavaScriptを組み込んだ「index_3.html」をブラウザーで表示した様子。ボタンをクリックするとメッセージが表示される

　いかがでしょう。Webページが表示される仕組みと、その重要な要素となるHTML、CSS、JavaScriptの関係を理解できましたか？ これらの基礎知識は、Webスクレイピングを実践するのに必要となるものですので、しっかり押さえておいてください。

JavaScriptは、プログラミング言語「Java」と似た名前が付いていますが、全く異なる言語です。また、現在の主要なブラウザーがサポートするJavaScriptの仕様は、Ecma Internationalにより標準化された「ECMAScript」に準じています。

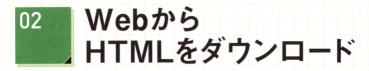

第7章 Webスクレイピング

02 WebからHTMLをダウンロード

　今回はWebスクレイピングの例として、日本経済新聞 電子版のWebページにある日経平均株価をプログラムで取り出します。そのためには、Pythonのプログラムから日経新聞のWebサーバーにリクエストを送信して、株価情報が含まれたWebページを取得しなければいけません（**図1**）。

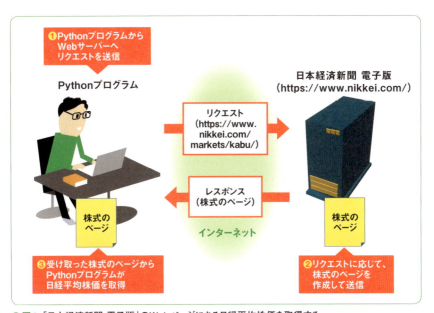

◯図1 「日本経済新聞 電子版」のWebページにある日経平均株価を取得する

　このような処理を実現するために、Pythonには「urllibパッケージ」の「requestモジュール」が用意されています。urllibパッケージには、requestモジュール以外に「parseモジュール」や「errorモジュール」なども含まれますが、ここで使うのはrequestモジュールです。

□ requestモジュール

urllibパッケージのrequestモジュールは、HTTPリクエストのクライアントになることができるモジュールです。使い方は、まず「urllib.request」をインポートして、urlopen関数を使いWebサーバーにリクエストを送信します。返り値はレスポンスオブジェクト（Webページ）となっているので、UTF-8でテキストに変換します。次の「scraping_1.py」で、株価のページを取得してみましょう。

scraping_1.py

```python
import urllib.request          # urllibパッケージのrequestモジュールをインポート

url = 'https://www.nikkei.com/markets/kabu/'   # 株価のページのURL
res = urllib.request.urlopen(url)              # urlopen関数でリクエストの送信
html = res.read().decode('utf-8')              # 取得したレスポンスオブジェクトをテキストに変換
print(html)                                    # 株価ページのHTMLを表示
```

Anaconda Promptを起動して「scraping_1.py」を実行すると、**図2**のように株価ページのHTMLが表示されてきます。

❶「scraping_1.py」を実行
❷HTMLのコードが表示される

◉図2 「scraping_1.py」を実行すると指定したURLのHTMLがテキストとして表示される。分量が多いので、図の下にもずっと続いている（図はスクロールして先頭に戻した状態）

▢HTMLをファイルに保存

次に、こうして取得したHTMLデータをファイルに保存してみましょう。テキストデータをファイルに保存するには、組み込み関数であるopen関数を使います。open関数には、ファイル名、オープンモード、エンコーディング方式などの引数があります。

open(file, mode='r', encoding=None)	
引数	説明
file	開くファイルの名前
mode	開くモードの指定（デフォルトは読み取り専用）
encoding	ファイルのエンコードやデコードの方式
返り値	開くのに成功したファイルのオブジェクト

この中の「オープンモード」には、利用するファイルを「どのようなファイルとして扱うのか」を指定します。指定には、次のような文字を使います。これらを組み合わせて指定することもできます。文字（文字列）なので、シングルクォーテーション（'）でくくってコード内に記述します。

文字	意味
r	読み込み専用、書き込みはできない（「rt」がデフォルト）。ファイルがないときはエラー
w	書き込み専用で開き、ファイルを上書き。ファイルがないときは新規に作成
x	書き込み専用で新規ファイルを開き、既存のファイルがあればエラー
a	書き込み専用で開き、ファイルの末尾に追記。ファイルがないときは新規に作成
b	バイナリーモード
t	テキストモード（「rt」がデフォルト）
+	更新可能にする。「r+」の場合、読み書き可能、ファイルがないときはエラー。「w+」の場合、読み書き可能、ファイルがないときは新規に作成
u	「¥n」「¥r¥n」「¥r」のすべてを行末とするモード（非推奨）

183

Memo open関数の詳しい仕様は、以下のURLを参照してください。
https://docs.python.org/ja/3/library/functions.html#open

　open関数が正しく動作すると、利用可能になったファイルのオブジェクトが返ります。そのファイルオブジェクトのwriteメソッドを使い、テキストをファイルに書き込みます。

　次のコードは、取得したWebページ（HTML）をファイルに保存するコードを追加したものです。

scraping_2.py

```python
import urllib.request

url = 'https://www.nikkei.com/markets/kabu/'
res = urllib.request.urlopen(url)
html = res.read().decode('utf-8')

f = open('kabu.html', 'w', encoding='utf-8')  # 「kabu.html」というファイルを書き込みモードで開く（ファイルを新規作成）
f.write(html)  # HTMLのコードをファイルに書き込む
f.close()  # ファイルを閉じる

print('kabu.htmlに書き込みました。')
```

　この「scraping_2.py」を実行すると、Anaconda Promptのコンソール画面ではなく、「kabu.html」というファイルにHTMLのコードが出力されます（**図3**）。このファイルはAnaconda Promptのカレントディレクトリに作成されます（**図4**）。

◐ 図3 「scraping_2.py」の実行結果。HTMLのコードは画面内に表示されるのではなく、HTMLファイルとして保存される

↑図4 作成されたHTMLファイル。ここではユーザー名のフォルダー（ここでは「pc21」）の中にある「work」というフォルダーをカレントディレクトリにしていたので、そこに「kabu.html」が作成された

日経平均株価のタグを調べる

ファイルに出力されたHTMLは、テキストファイルなのでテキストエディターで閲覧したり編集したりできます。つまり、テキストエディターの検索機能を使えば、日経平均株価を定義しているタグを調べることができます。

ただし、この方法は検索結果が1つだけの場合はよいですが、複数あるとどれが目的のデータか判定できません（図5）。

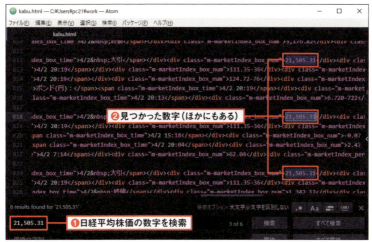

↑図5 テキストエディターのAtomで「kabu.html」を開き、そのときの日経平均株価の数字を検索したところ。数カ所がヒットして、どのタグを使えばよいかわかりにくい

そこで、Webブラウザーが備える「開発者(デベロッパー)ツール」という機能を使って、目的のデータがどのようなタグでくくられているのか調べることにします。ここでは、Windows 10上の「Google Chrome」を例に手順を紹介します。

　まず、Webスクレイピングを行いたいページを表示し、取得したいデータをマウスでドラッグして選択します。文字列が反転したら右クリックし、「検証」を選びましょう(図6)。すると、開発者ツールのウインドウが開きます(図7)。その中の「Elements」タブに、選択した文字列を表示させているタグが反転表示されるので、これを確認してください。

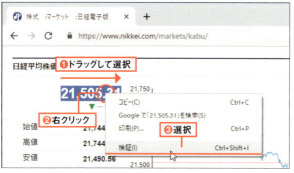

△図6 日経電子版で「株価」のページを開き、日経平均株価の数字をドラッグして反転。それを右クリックして「検証」を選ぶ

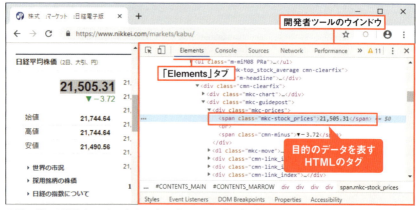

△図7 開いた開発者モードのウインドウで、「Elements」タブを確認。選択した場所のソースコードが表示されているので、日経平均株価の数字をくくったタグを探す

この操作の結果、日経平均株価を表示する部分のタグは次のようになっていることがわかります。

```
<span class="mkc-stock_prices">21,505.31</span>
```

　つまり、「<span class="mkc-stock_prices">」から「</span>」までの内容が、日経平均株価であるというわけです。
　これで、Webスクレイピングで取得したいデータを収めたタグを特定するところまでたどり着きました。次ページからは、このタグを検索するプログラムを作成していきます。

Memo　Google Chromeの開発者ツールでは、「Elements」タブで、現在表示しているWebページのHTMLやCSSのソースコードを確認できます。これを見ると、Webページの表示と、それを実現するためのタグやスタイルの関係がよくわかります。自分でWebページを作ったり、HTMLで画面を表現するプログラムを作成したりする際に、参考にするとよいでしょう。その場でコードを編集して検証（デバッグ）する機能などもあります。

第7章 Webスクレイピング

03 特定データの取り出し

　Google ChromeなどのWebブラウザーが備える開発者モードを使えば、HTMLのコードの中から目的のデータを意味するタグを見つけることができます。ここでは、日経平均株価を意味するHTMLのタグを見つけられましたので、次は、このタグを検索するプログラムを作りましょう。それには、「正規表現」を利用すると便利です。

正規表現

　正規表現とは、文字列のパターンを文字列で表現したもので、テキストの中から特定の文字列を検索するときに利用します。

　例えば、HTMLの中から郵便番号を検索したいときは、「3桁の数字に続けてハイフン(-)があり、次に4桁の数字が続く」というパターンを"メタ文字"を使って表現します（**図1**）。主なメタ文字には、**図2**のようなものがあります。このメタ文字を組み合わせて、文字列のパターンを作ります。

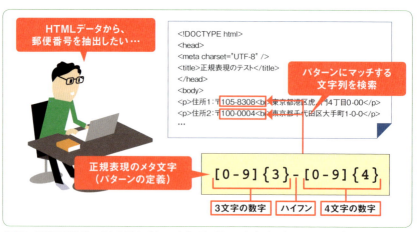

↑ **図1** 正規表現を使って文字列のパターンを作ると、個々の文字列は違っていても、パターンが一致していれば検索できる

メタ文字	意味	例
.	（改行以外の）任意の1文字	a.c → abc、a3c、azc など
^	先頭	^ab → abc、ab098、abbbb など
$	末尾	$ab → 123ab、xyzab、8u7yab など
*	ないか、1個以上連続	ab*c →　ac、abc、abbbbc など
+	1個以上連続	ab+c → abc、abbc、abbbbbc など
?	ないか、1つだけ	ab?c → ac、abc のみ
{n}	n回繰り返す	ab{3} → abbb のみ
|	いずれかの文字列	abc | xyz | 012 →abc か xyz か 012 のいずれか
[]	指定した文字のどれか（指定する文字が連続している場合、0-9 a-z A-Zのように指定できる）	a[xyz]b → axb か ayb か azb [0-9] → 0～9のいずれか [D-G] → D、E、F、Gのいずれか
()	グループ化	a(bc)*d → ad、abcd、abcbcd、 　　　　　abcbcbcd など a(b|c)d → abd か acd のいずれか
¥d	アラビア数字	0～9のいずれか（ [0-9] と同じ）
¥w	英数字またはアンダーバー	A～Z、a～z、0～9、_ のいずれか （ [A-Za-z0-9_] と同じ）

⬆図2　正規表現で使う主なメタ文字。複数のメタ文字を組み合わせて使える。「¥」記号は環境により「\」（バックスラッシュ）になる

03

特定データの取り出し

　例えば郵便番号の場合、最初に「0～9の数字3文字」がくるので「[0-9]{3}」となり、次に　ハイフン(-)、さらに「0～9の数字4文字」が続くので「[0-9]{4}」となります。その結果、正規表現は

```
[0-9]{3}-[0-9]{4}
```

のようになります。このパターンを使い、HTMLからパターンマッチをすると郵便番号を見つけることができます。

189

□正規表現によるWebスクレイピング

それでは、Pythonで正規表現を利用して、日経平均株価のタグを見つけましょう。正規表現を利用するには、最初に「re」というモジュールをインポートします。モジュールのインポートは

```
import re
```

のように書くのでしたね。

続いてcompile関数で「正規表現オブジェクト」を生成し、正規表現オブジェクトのsearchメソッドによりマッチする文字列の集合である「マッチオブジェクト」を取得します。さらに、マッチオブジェクトのgroupメソッドを使い、マッチした文字列の集合から最初の文字列を取り出します。具体的には、前述の「scraping_2.py」をさらに改良した右のようなプログラムを作成します。

この「scraping_3.py」では、reモジュールのsub関数を利用して、タグの部分を削除するコードも入れています。末尾から2行目のコードです。sub関数は、第1引数にパターンマッチ用の文字列、第2引数に置き換える文字列、第3引数に対象の文字列を指定することで、第1引数にマッチした文字列を第2引数の文字列で置き換えます。このとき、第2引数を空文字（「''」または「""」）にすることで、「空文字に置き換える」という処理になり、削除したのと同じ結果を得ることができます。

なお、エディター「Atom」で入力する際など、環境によっては「¥」記号は「\」（バックスラッシュ）で表示されます。

Memo　Pythonの正規表現については、多くの情報がネット上にありますが、以下の公式サイト（翻訳版）にも詳しい情報があるので参照してください。

https://docs.python.org/ja/3/library/re.html

scraping_3.py

```python
import urllib.request
import re

url = 'https://www.nikkei.com/markets/kabu/'
res = urllib.request.urlopen(url)
html = res.read().decode('utf-8')

r = re.compile('<span class="mkc-stock_
prices">(¥d+[,.])*¥d+</span>')
m = r.search(html)
s = m.group(0)
print(s)

s = re.sub('<.*?>', '', s)
print('日経平均株価:' + s)
```

reモジュールをインポート

マッチング用のパターン文字列

正規表現オブジェクト

改行せずに1行で入力する

パターンマッチングを行い、マッチした文字列の集合(マッチオブジェクト)を取得

マッチした文字列の集合のうち、最初の結果を取得

文字列の中から< >でくくられたタグの部分を取り除く

Anaconda Promptを起動して「scraping_3.py」を実行すると、**図3**のように日経平均株価を示すタグと、その値のみを取得して表示することができます。

```
■ Anaconda Prompt

(base) C:¥Users¥pc21¥work>python scraping_3.py
<span class="mkc-stock_prices">21,505.31</7span>
日経平均株価:21,505.31

(base) C:¥Users¥pc21¥work>
```

日経平均株価を示すタグの部分

日経平均株価のみを表示

⬆**図3** Anaconda Promptで「scraping_3.py」を実行した結果

いかがでしょう。Pythonを使ったWebスクレイピングの基本を理解できましたか？ 本書では、ごくシンプルなコードでその考え方や基礎的な手法を体験するまでにとどめますが、ビジネスで実際に活用する際は、定期的に情報を取得するように自動化したり、取得したデータを蓄積して分析したり、Excelに出力して再利用したりと、さまざまな応用が考えられます。そのような解説やサンプルコードがインターネット上にも多数公開されていますので、日々のビジネスに役立つWebページやデータがある人は、ぜひ自分なりのWebスクレイピングに挑戦してみてください。

Webスクレイピングで取得できる情報の中には、著作権を持つものがあります。取得した情報を活用したり公開したりする際は、著作権の扱いにも注意が必要です。またWebサイトによっては、利用規約でスクレイピングを禁止しているケースがあります。プログラムによる大量のアクセスはWebサーバーに多大な負荷を与える恐れがあるからです。サイト運営者の迷惑にならない範囲でスクレイピングをして、Web上の情報をうまく活用するようにしてください。

第8章

機械学習に挑戦しよう

01 人工知能と機械学習

02 機械学習に利用するモジュール

03 手書き文字の画像認識を試す

― この章で学ぶこと ―

- 「機械学習」とは何か
- 「教師あり学習」と「教師なし学習」
- 機械学習用のモジュールの使い方
- 機械学習の実行と評価

第8章 機械学習に挑戦しよう

01 人工知能と機械学習

　Pythonというプログラミング言語が一躍スター言語にのし上がることになった背景に、「人工知能（AI、artificial intelligence）」への注目度が急速に高まったことがあります。人工知能の研究は、Pythonが有名になる以前からさまざまな分野で試行錯誤が行われていました。しかし、Pythonから利用できる人工知能のライブラリが登場したことで、プログラミング初心者でも気軽に試すことができるようになりました。その結果、人工知能に関心を持つ世界中のプログラマーが、Pythonに飛びついたわけです。

　Pythonの入門書である本書でも、最後はこの人工知能の一端を垣間見たいと思います。人工知能を実現するために利用される技術の1つが「機械学習」です。

機械学習とは

　そもそも「人工知能」という言葉は、1956年にダートマス会議でジョン・マッカーシーが命名したといわれています。しかし当時は機械学習についての具体的なアイデアはまだありませんでした。本当の意味で機械学習がブームとなったのは、2006年以降、「ディープラーニング（深層学習）」が登場してからではないでしょうか（**図1**）。

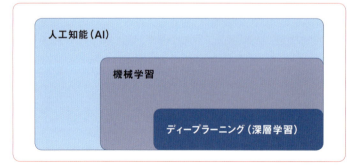

◐ 図1 人工知能を実現する技術の1つとして機械学習がある。それをさらに発展させたのが最新のディープラーニング（深層学習）だ

特に、グーグル傘下のベンチャー、ディープマインドが開発した囲碁プログラム「AlphaGo」が、世界のトップ棋士に勝利したのは記憶に新しいでしょう。ディープラーニングによって磨かれたAlphaGoの強さは、機械学習の可能性を広く世間に知らしめました。今では、音声や画像の認識から株式売買、自動運転、医療データ分析まで、さまざまな分野でディープラーニングが応用されています。

> グーグルが開発した機械学習（ディープラーニング）プログラムは、現在「TensorFlow」ライブラリや「AutoML」サービスとして公開されています。そのため、誰でも自分のプログラムから利用することができます。

　機械学習では、膨大なデータをプログラムに読み込ませて学習させます。例えば、猫の画像認識を実現するための機械学習では、何千、何万もの猫の画像を読み込ませ、画像の中に「猫である特徴や傾向」を見つけださせます。この特徴や傾向を学習したプログラムを「学習モデル」と呼びます（図2）。

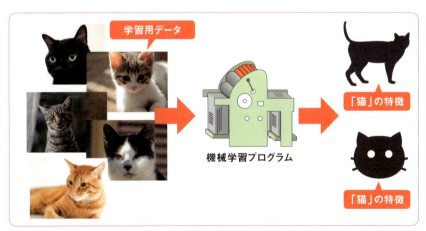

図2 「学習モデル」を構築するイメージ。何千、何万もの猫の画像を読み込ませ、「猫」の特徴や傾向を学習させる

　この学習モデルに、学習の際に利用したものとは別の画像を与えると、その画像に「猫」の特徴が何％含まれているのかわかります。

□「教師あり学習」と「教師なし学習」

　機械学習の手法には、主に「教師あり学習」と「教師なし学習」の2種類があります。まずのその違いを理解しておきましょう。

　教師あり学習の学習データには、事前に「正解」か「不正解」かのラベルが付けられています。先ほどの「猫」を例に挙げると、学習用のデータには「猫」かそうではないかのラベルが付いています。どれが「猫」で、どれが「猫」ではないかが示されていて、その違いを基に学習するわけです（**図3**）。

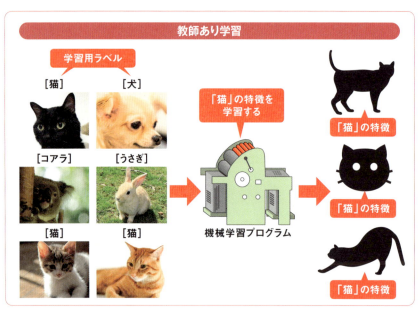

↑**図3**　「教師あり学習」のイメージ。あらかじめ用意された「正解」「不正解」を基に、プログラムが特徴を見いだす

　これは人間が学習する際、先生から「正解」を教わってそれを覚えていくプロセスと似ていますね。イメージはしやすいと思います。

　一方、教師なし学習の場合は、「正解」「不正解」のラベルは付いていません。何のラベルも付いていない画像の中から、プログラムが共通の特徴を見つけていきます。その「特徴」に対して、人間が「これは何々の特徴だ」のように「何の特徴か」を決めます（**図4**）。

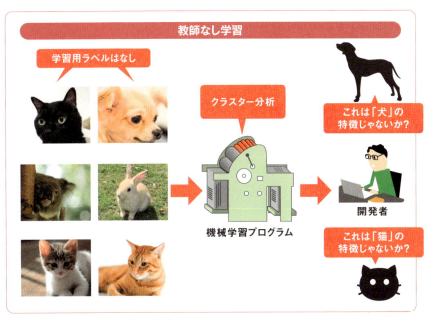

◎ 図4 「教師なし学習」のイメージ。大量のデータの中から、プログラム自身が特徴を見いだしてグループ分けする

　このような、特徴を抽出する有名な手法に「クラスタリング（クラスター分析）」があります。データの特徴や傾向を基に、あらかじめ定義されていないグループ（クラスター）にデータを分けていきます。

　クラスタリングでは、事前に明らかになっている「猫」の特徴を基にデータを分類するのではなく、たくさんのデータの中から似たような特徴や性質を持つ集まりを探していきます。集められた結果、それが「猫」のグループであったり、「犬」のグループであったりするわけです。ただし、コンピューターがどのような特徴を基にグループ分けを行っているのかは人間にはわかりません。人間が考える「猫」や「犬」の特徴とは別の理由で、そのグループが集められているのかもしれません。どのような特徴を持ったグループが集められているのかは、人間が類推しなければなりません。

　このように、膨大なデータの中からある特徴や傾向を見いだすことのできる教師なし学習は、ビジネスにおける傾向分析や将来の予測などにも活用されています。例えば、ある商品を買った人が次にどのような商品を買ったか、というク

ラスター分析がなされれば、同じ商品を買った人に対して「お薦めの商品」として提示できるようになります。最近のショッピングサイトは、こうしたAIによるリコメンド（お薦め）機能を備えていることが多くなりました。

なお、機械学習の手法にはもう1つ「強化学習」と呼ばれるものがあります。強化学習にも、教師なし学習と同様、正解のラベルはありません。何度も試行錯誤を繰り返して学習を進めます。ちょうど、人が自転車の乗り方を学ぶのと似ています。単に正解を知るというのではなく、練習をして試行錯誤しながら、適切な乗り方を身に付けていくイメージです。強化学習の場合は、成功したときに「報酬」を与えることで、そのときのやり方が成功だということをコンピューターに知らせ、学習の目標にさせます。すると、より効率良く成功できるように、より成功率を上げられるように、自動的に学習していきます。

グーグルのAlphaGoは、まず3000万手にのぼる棋譜データを正解として教師あり学習を行い、次にコンピューター同士で3000万局にのぼる対戦を繰り返すという強化学習を行ったそうです。人間には到底できないような膨大なデータと試行錯誤による学習が、その強さの秘密なのです。

機械学習の仕組みとして昨今注目されているのが「ニューラルネットワーク」です。脳の神経回路（ニューロン）をコンピューター上で表現した数学モデルで、深層学習（ディープラーニング）では、ニューラルネットワークを多層に重ねることで、より高度な学習を可能にしています。

第8章 機械学習に挑戦しよう

02 機械学習に利用するモジュール

　機械学習のプログラムを実際に作成する前に、利用する"道具"を紹介しておきます。前述の通り、Pythonには機械学習に利用できるさまざまなライブラリがあり、初心者でも手軽に機械学習のプログラムを作成することができます。ここでは、「scikit-learn（サイキット・ラーン）」「NumPy（ナムパイ）」「matplotlib（マットプロットリブ）」という3つのモジュールを利用します。

☐scikit-learn

　数あるライブラリの中でも、特に重要なものが「scikit-learn」です（**図1**）。scikit-learnは、オープンソース（BSDライセンス）のPythonライブラリで、機械学習に必要な回帰、分類、クラスタリングなどのアルゴリズムを備えています。

◆**図1** 機械学習に必要なライブラリを提供する「scikit-learn（サイキット・ラーン）」の公式サイト

「オープンソース」とは、ソースコードが公開されているプログラムのことです。「BSDライセンス」は、オープンソースの中でも「著作権の表示と免責条項の明記」さえあれば、再配布も自由なライセンスのことです。

本書で利用している「Anaconda」のパッケージには、scikit-learnのライブラリが標準で同梱されています。そのため、Anacondaを利用していれば、別途ダウンロードやインストールを行わなくても、プログラム中にimport文を記述してインポートするだけで、scikit-learnのモジュールをすぐに利用できます。

□NumPy

NumPyは、数値計算を高速に行うためのモジュールで、scikit-learnはNumPyのライブラリを利用しています。NumPyもAnacondaに同梱されているので、インポートするだけで利用できるようになります。

NumPyを利用した計算の例をいくつか紹介します。次の「numpy_1.py」は、NumPyで配列データを作成し、表示するものです。Anaconda Promptを起動してこのプログラムを実行すると**図2**のようになります。

numpy_1.py

```python
import numpy as np

arr = np.array([50, 76, 98])
print('NumPyの配列:{}'.format(arr))
print('')

arr = np.array([[18, 56, 20], [38, 45, 87]])
print('2次元配列')
print(arr)
print('')

print('各次元数の表示:{}'.format(arr.shape))
```

- import numpy as np → NumPyをインポートして「np」というオブジェクト名で利用できるようにする
- arr = np.array([50, 76, 98]) → array関数でNumPyの配列を生成
- print('NumPyの配列:{}'.format(arr)) → NumPyの配列を表示
- print('') → 改行
- arr = np.array([[18, 56, 20], [38, 45, 87]]) → array関数でNumPyの2次元配列を生成
- print(arr) → NumPyの配列を表示
- print('') → 改行
- shape属性には次元数が格納されている
- print('各次元数の表示:{}'.format(arr.shape)) → 各次元の数を表示

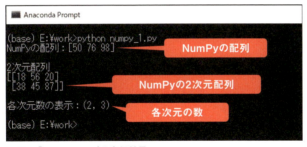

○図2 「numpy_1.py」の実行結果

　NumPyを利用すると、ベクトルや行列の計算がとても簡単になります。例えば、NumPyの配列に3を掛けると、それぞれの要素が3倍になります。また、転置を行うには、配列のT属性を参照することで値を得られます。次の「numpy_2.py」がその例です。実行結果は**図3**のようになります。

```
numpy_2.py

import numpy as np        # NumPyをインポートして「np」という
                          # オブジェクト名で利用できるようにする

arr_1 = np.array([1, 2, 3])        # array関数でNumPyの配列を生成
arr_1 = arr_1 * 3                  # NumPyの配列に「3」を掛ける
print('[1, 2, 3] * 3:{}'.format(arr_1))   # NumPyの配列を表示

arr_2 = np.array([[1, 2, 3], [2, 3, 4]])   # array関数でNumPyの2次元配列を生成
print('')
print(arr_2.T)                     # 2次元配列を転置した値を表示
# T属性に転置後の値が格納されている
```

```
Anaconda Prompt

(base) E:\work>python numpy_2.py
[1, 2, 3] * 3:[3 6 9]        ← 要素がすべて3倍になっている
[[1 2]
 [2 3]                       ← [[1, 2, 3], [2, 3, 4]]の転置後の値
 [3 4]]
(base) E:\work>_
```

○図3 「numpy_2.py」の実行結果

ベクトルの内積や行列の積を計算するには、dot関数を利用します。dot関数に指定する引数と、返り値は次の通りです。ベクトルの内積とは、各要素の積をすべて足し合わせた値です。また、行列の積では、横の並び、縦の並びの各組の同じ順番の数同士を掛けたものを足します。

numpy.dot(a, b, out=None)

引数	説明
a	左から掛けるベクトルまたは行列
b	右から掛けるベクトルまたは行列
out	結果を格納する代替配列
返り値	ベクトルの内積の結果や、行列の積の結果

　例えば、次のコード「numpy_3.py」で作成している配列「arr_1」と配列「arr_2」のベクトルの内積は、1×2 + 2×3 + 3×4で「20」になります。また「arr_1」と「arr_2」の行列の積は、[1×5 + 2×7, 1×6 + 2×8], [3×5 + 4×7, 3×6 + 4×8] になります。実行結果は**図4**のようになります。

numpy_3.py

```
import numpy as np

arr_1 = np.array([1, 2, 3])
arr_2 = np.array([2, 3, 4])
print('[1, 2, 3]と[2, 3, 4]のベクトルの内積')
print(np.dot(arr_1, arr_2)) ──── ベクトルの内積を表示
print('')


arr_1 = np.array([[1, 2], [3, 4]])
arr_2 = np.array([[5, 6], [7, 8]])
print('[[1, 2], [3, 4]]と[[5, 6], [7, 8]]の行列の積')
print(np.dot(arr_1, arr_2)) ──── 行列の積を表示
```

◯図4 「numpy_3.py」の実行結果

配列の平均はmean関数、標準偏差はstd関数で求められます。これらの関数の引数や返り値は次の通りです。

numpy.mean(a, axis=None, dtype=None, out=None, keepdims=<no value>)

引数	説明
a	平均を求めたい配列
axis	どの軸（axis）に沿って平均を求めるか
dtype	平均を求める際に使うデータ型
out	結果を格納する代替配列
keepdims	返す配列の軸（axis）の数をそのままにする
返り値	指定した配列の要素の平均、もしくは平均を要素とする配列

numpy.std(a, axis=None, dtype=None, out=None, ddof=0, keepdims=<no value>)

引数	説明
a	標準偏差を計算したい配列
axis	どの軸（axis）に沿って標準偏差を求めるか
dtype	標準偏差を求める際に使うデータ型
out	結果を格納する代替配列
ddof	データ個数Nではなく"N - ddof"で割る
keepdims	Trueにすると出力される配列の次元数が保存される
返り値	指定された範囲での標準偏差を要素とする配列、または値

例えば、0～9までのランダムな整数の配列を生成して、その平均と標準偏差を計算してみましょう。ランダムな値の配列は、random.randint関数を使って生成します。第1引数は下限、第2引数は上限（この数は含まない）、第3引数は要素数です。次の「numpy_4.py」を実行すると、**図5**のような結果になります。

numpy_4.py

```python
import numpy as np

r = np.random.randint(0, 10, 10)
print('ランダムな配列:{}'.format(r))
print('平均値:{}'.format(np.mean(r)))
print('標準偏差:{}'.format(np.std(r)))
```

- `np.random.randint(0, 10, 10)` ← 0から9までのランダムな整数10個の配列
- `np.mean(r)` ← 配列の要素の平均値
- `np.std(r)` ← 配列の要素の標準偏差

↑**図5**「numpy_4.py」の実行結果

matplotlib

計算結果などをグラフで表示したい場合は、matplotlibというモジュールを使います。このmatplotlibも、Anacondaに含まれているのですぐに利用できます。

使い方の基本は、まずmatplotlib.pyplotをインポートし、plot関数の引数でx軸とy軸を指定、show関数で表示するというものです。この際、x軸とy軸は配列やリストで渡します。

試しに、簡単な折れ線グラフを作ってみましょう。x軸には「Jan」「Feb」「Mar」「Apr」「May」という月名、y軸には適当な数値を渡します。

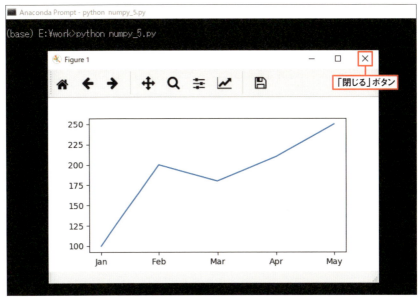

○図6 「numpy_5.py」を実行すると、別ウインドウにグラフが表示される。グラフを終了するには右上隅の「×」ボタンを押す

　Anaconda Promptで「numpy_5.py」を実行すると、**図6**のように別ウインドウが開いて、グラフが表示されます。これまではAnaconda Promptの中でテキスト出力ばかりしていましたが、このようなグラフィカルな出力もPythonでは簡単にできるのです。こうした点も、Pythonがビジネスで注目されている理由の1つでしょう。グラフのウインドウの上部にあるボタンを操作すると、表示の拡大縮小や書式の変更なども可能です。

205

より複雑なグラフの例として、「サイン波（正弦波）」と呼ばれるグラフを表示してみましょう。それには、Pythonが標準で備えるmathモジュールのpiで円周率を取得し、NumPyのlinspace関数で、線形に等間隔な数列を生成します。この値をx軸として、sin関数でy軸の値を計算します。linspace関数の主な引数と返り値、sin関数で今回使う引数と返り値は次の通りです。

numpy.linspace(start, stop, num=50, endpoint=True, retstep=False, dtype=None, axis=0)	
主な引数	説明
start	数列の始点
stop	数列の終点
num	生成するndarrayの要素数（デフォルトは50）
endpoint	生成する数列において、stopを要素に含むかどうか
dtype	出力するndarrayのデータ型を指定（ない場合float）
返り値	num等分された等差数列を要素とするndarrayオブジェクト

numpy.sin(x, /, out=None, *, where=True, casting='same_kind', order='K', dtype=None, subok=True[, signature, extobj]) = <ufunc 'sin'>	
今回使用する引数	説明
x	ラジアン
返り値	三角関数サインの値

　linspace関数とsin関数で用意した2つの配列をx座標、y座標として、matplotlibのplot関数に渡してグラフを生成します。そのほか、title関数でグラフのタイトルを、xlabel関数とylabel関数でグラフの軸ラベルを設定。グラフの凡例はplot関数の引数labelで凡例名を指定し、legend関数で表示します。
　次の「numpy_6.py」は、サイン波のグラフを表示する具体的なプログラムの例です。

numpy_6.py

```
import matplotlib.pyplot as plt
import math
import numpy as np

x = np.linspace(0, 5 * math.pi)
y = np.sin(x)

plt.title('Sin Graph')
plt.xlabel('X-Axis')
plt.ylabel('Y-Axis')
plt.plot(x, y, label='sin')
plt.legend()
plt.show()
```

- matplotlib.pyplotをインポートして「plt」というオブジェクト名で利用できるようにする
- mathモジュールのインポート
- NumPyをインポートして「np」というオブジェクト名で利用できるようにする
- x座標を求める
- y座標を求める
- タイトルの設定
- 軸ラベルの設定
- グラフの描画(プロット)と凡例名の設定
- 凡例を表示する設定
- 設定したグラフを画面に表示

「numpy_6.py」を実行すると、図7のようなグラフが表示されます。

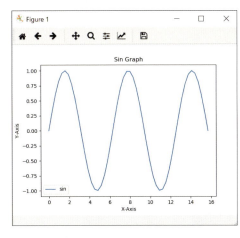

◯図7 「numpy_6.py」の実行結果。別ウインドウが開いてグラフが表示される。上部のボタンを押して、グラフをインタラクティブに操作することもできる

Memo　グラフに日本語を表示するには、各OSに合わせたフォントの指定などを行う必要があります。ここでは解説を簡素化するために、英語で表記するシンプルなグラフを作りました。

02 機械学習に利用するモジュール

第8章 機械学習に挑戦しよう

03 手書き文字の画像認識を試す

　それではいよいよ、機械学習のプログラムに挑戦してみましょう。ここでは、手書き文字の画像を認識するプログラムを作ってみます。利用するのはもちろんscikit-learnです。

　学習用のデータも、scikit-learnに付属しています。「digits」という手書き数字の画像データと、各画像に付けられたラベルデータ、つまり「教師あり学習」のためのデータセットです。オリジナルのデータは、「MNIST（エムニスト）」（http://yann.lecun.com/exdb/mnist/）という名前で公開されていますが、scikit-learnにはその簡易版（トイデータセット）が付属しています。詳しくはscikit-learnのサイトを参照してください（**図1**）。

⬆ **図1** scikit-learnのサイトにあるdigitsデータの説明ページ（https://scikit-learn.org/stable/auto_examples/classification/plot_digits_classification.html）

□画像認識用のデータ

まずは、digitsデータセットの内容を確認します。手順がわかりやすいように、Pythonのインタラクティブシェルを使いましょう。Anaconda Promptを起動して、「python」コマンドを実行してください。

最初は、sklearn.datasetsモジュールをインポートして、load_digits関数で読み込みます。それには、次のコードを実行します。

```
from sklearn.datasets import load_digits
digits = load_digits()
```

digitsデータセットのインポート

digitsデータセットを読み込み、「digits」に格納

これで、読み込みは完了します。どのようなデータが入っているのかを確認するには、dir関数を使います。次のコードを実行します。

```
dir(digits)
```

dir関数でdigitsデータセットの要素を一覧する

ここまでの3つのコードを実行した結果が**図2**です。

◯図2 Anaconda PromptでPythonのインタラクティブシェルを起動。digitsデータセットを読み込み、その要素を確認したところ

これで、digitsデータセットが5つの要素からなることがわかります。内容はというと、「DESCR」が説明、「data」が特徴量、「images」が8×8=64ドットの画像、「target」が正解データ、「target_names」が正解の文字（数字の種類）です。

209

このうち特徴量（data）は、NumPyの多次元配列なので、shape属性で次元数を確認できます。

```
digits.data.shape
```

というコードを実行してみましょう。すると**図3**のように表示されるはずです。このことから、特徴量は「8×8のデータが1797件」あることがわかります。

```
>>> from sklearn.datasets import load_digits
>>> digits = load_digits()
>>> dir(digits)
['DESCR', 'data', 'images', 'target', 'target_names']
>>> digits.data.shape
(1797, 64)
```
8×8のデータが1797件

🔼 **図3** shape属性で次元数を確認したところ。「8×8のデータが1797件」あることがわかる

　この1797件分の正解ラベル（0～9）は、「target」に入っています。その値を確認するには、

```
digits.target
```
「target」に入っている値（正解データ）を確認

を実行します。すると**図4**のように表示され、先頭の正解データは「0」、2番目は「1」、3番目は「2」、と続いていることがわかります。

```
>>> digits.data.shape
(1797, 64)
>>> digits.target
array([0, 1, 2, ..., 8, 9, 8])
>>>
```
1つめの画像の正解は「0」

🔼 **図4** 「target」に入っている正解ラベルの内容。途中は省略されている

　先頭の「0」のデータを確認してみましょう。64ドットの画像は「images」、その特徴量が「data」に入っていますので、先頭のインデックス番号「0」を指定すればそれぞれの内容を確認することができます。

210

```
digits.images[0]     ── 先頭の文字の画像データ（images）を表示
digits.data[0]       ── 先頭の文字の特徴量データ（data）を表示
```

この2つのコードを実行すると、以下のように表示されます（**図5**）。

```
>>> digits.images[0]
array([[ 0.,  0.,  5., 13.,  9.,  1.,  0.,  0.],
       [ 0.,  0., 13., 15., 10., 15.,  5.,  0.],
       [ 0.,  3., 15.,  2.,  0., 11.,  8.,  0.],
       [ 0.,  4., 12.,  0.,  0.,  8.,  8.,  0.],
       [ 0.,  5.,  8.,  0.,  0.,  9.,  8.,  0.],
       [ 0.,  4., 11.,  0.,  1., 12.,  7.,  0.],
       [ 0.,  2., 14.,  5., 10., 12.,  0.,  0.],
       [ 0.,  0.,  6., 13., 10.,  0.,  0.,  0.]])
>>> digits.data[0]
array([ 0.,  0.,  5., 13.,  9.,  1.,  0.,  0.,  0.,  0., 13., 15., 10.,
       15.,  5.,  0.,  0.,  3., 15.,  2.,  0., 11.,  8.,  0.,  0.,  4.,
       12.,  0.,  0.,  8.,  8.,  0.,  0.,  5.,  8.,  0.,  0.,  9.,  8.,
        0.,  0.,  4., 11.,  0.,  1., 12.,  7.,  0.,  0.,  2., 14.,  5.,
       10., 12.,  0.,  0.,  0.,  0.,  6., 13., 10.,  0.,  0.,  0.])
```

1次元化したデータになっている

🔺 図5 先頭の文字の画像（images）と特徴量（data）のデータを表示させた様子

表示された結果をそれぞれ見比べると、並んだ数字が一致していることに気付くでしょう。「digits.images[0]」のデータを1次元化すると、「digits.data[0]」と同じになるというわけです。

また、前のパートで紹介したmatplotlibモジュールを使うと、この画像を別ウインドウに表示させることができます。以下のコードを順番に実行してください。

```
import matplotlib.pyplot as plt
plt.imshow(digits.images[0], cmap=plt.cm.gray_r)
plt.show()
```

matplotlib.pyplotをインポートして「plt」というオブジェクト名で利用できるようにする

画像を画面に表示

matplotlib.pyplotのimshow関数でdigitsデータセットの先頭の画像データをグレースケールで読み込む

これを実行すると、次ページ**図6**のように画像が表示されます。

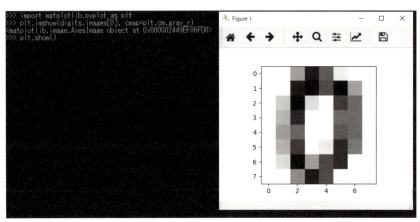

↑図6 先頭のデータの画像をmatplotlibモジュールで表示させた様子。別ウインドウに「0」らしき文字の画像が表示された。右上の「×」ボタンを押して閉じる

訓練用データと評価用データの作成

次に、digitsデータセットを、「訓練用」と「評価用」に分けます。というのも、すべてのデータを使って機械学習してもかまいませんが、そうすると完成した学習モデルを評価（テスト）するためのデータを、別に用意する必要が生じます。そこで、すでに読み込んだ1797件分のデータを訓練用と評価用に分けて、訓練用で学習させ、評価用でその成果を確認するわけです（図7）。

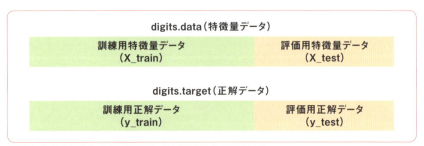

↑図7 digitsデータセットを訓練用データと評価用データに分ける

データを分ける作業には、sklearn.model_selectionモジュールのtrain_test_split関数を使います。

sklearn.model_selection.train_test_split(arrays,options)	
主な引数	説明
arrays	訓練用の特徴行列、評価用の特徴行列、訓練用の目的変数、評価用の目的変数
test_size	評価用データのサイズ（1で100%）
random_state	乱数ジェネレータによって使用されるシード値
shuffle	データをシャッフルするか否か（デフォルトはTrue）
返り値	分割されたリスト

次のコードを実行すると、1797件の3割を評価用、残りを訓練用に分けられます。2つめのコードは、紙上では2行に折り返されていますが、本来は1行でひと続きに入力してください。「test_size=0.3」という部分で割合を決めています。

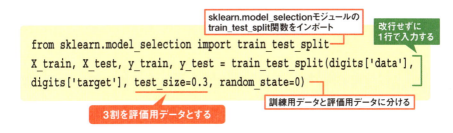

□機械学習の実行

これで訓練用のデータが用意できたので、機械学習を行ってみましょう。scikit-learnには、多くの機械学習用オブジェクトが登録されています。今回はニューラルネットワークを応用した機械学習モデルを生成する「MLPClassifier」オブジェクトを使います。

MLPClassifierオブジェクトは、多層パーセプトロン（MLP）と呼ばれる方式により実装されていて、MLPClassifier関数を使い生成します。MLPClassifier関数には多くのパラメーターがありますが、取りあえず試すだけなら引数はすべ

てデフォルト値でかまいません。ただし、「max_iter」(試行回数の最大値)はデフォルトでは少なすぎるので、最初は「1000」くらいを指定するとよいでしょう。次の3つのコードを実行すると、**図8**のように表示され、学習が完了します。

```
from sklearn.neural_network import MLPClassifier    ← sklearn.neural_networkモジュールの MLPClassifier関数をインポート
mlpc = MLPClassifier(max_iter=1000)    ← MLPClassifierオブジェクトの生成
mlpc.fit(X_train, y_train)    ← 訓練用データによる機械学習の実行
```

```
>>> from sklearn.neural_network import MLPClassifier
>>> mlpc = MLPClassifier(max_iter=1000)
>>> mlpc.fit(X_train, y_train)
MLPClassifier(activation='relu', alpha=0.0001, batch_size='auto', beta_1=0.9,
       beta_2=0.999, early_stopping=False, epsilon=1e-08,
       hidden_layer_sizes=(100,), learning_rate='constant',
       learning_rate_init=0.001, max_iter=1000, momentum=0.9,
       n_iter_no_change=10, nesterovs_momentum=True, power_t=0.5,
       random_state=None, shuffle=True, solver='adam', tol=0.0001,
       validation_fraction=0.1, verbose=False, warm_start=False)
>>>
```

↑**図8** 訓練用データによる機械学習を実行したところ

Memo　MLPClassifier関数の詳細は、以下のURLを参照してください。
https://scikit-learn.org/stable/modules/generated/sklearn.neural_network.MLPClassifier.html

機械学習の評価

学習が完了したら、その成果を見てみましょう。まず、評価用の特徴量データ(X_test)を学習モデルに判断させます。それには、次のコードを実行します。

```
pred = mlpc.predict(X_test)
```
学習モデルが認識した結果が入る　　評価用データを認識させる

これで、「pred」にすべての評価用画像の認識結果が数字の配列として格納されます。「pred」と入力して「Enter」キーを押せば、内容を確認できます（**図9**）。

```
>>> pred = mlpc.predict(X_test)
>>> pred
array([2, 8, 2, 6, 6, 7, 1, 9, 8, 5, 2, 8, 6, 6, 6, 6, 1, 0, 5, 8, 8, 7,
       8, 4, 7, 5, 4, 9, 2, 9, 4, 7, 6, 8, 9, 4, 3, 1, 0, 1, 8, 6, 7, 7,
       1, 0, 7, 6, 2, 1, 9, 6, 7, 9, 0, 0, 5, 1, 6, 3, 0, 2, 3, 4, 1, 9,
       2, 6, 9, 1, 8, 3, 5, 1, 2, 8, 2, 2, 9, 7, 2, 3, 6, 0, 5, 3, 7, 5,
       1, 2, 9, 9, 3, 1, 7, 7, 4, 8, 5, 8, 5, 5, 2, 5, 9, 0, 7, 1, 4, 7,
       2, 1, 6, 2, 1, 7, 3, 5, 1, 9, 2, 8, 9, 7, 2, 1, 4, 9, 3, 2, 6, 2,
       5, 9, 6, 5, 8, 2, 0, 7, 8, 0, 6, 8, 4, 1, 8, 6, 4, 3, 4, 2, 0, 4,
       5, 8, 3, 3, 1, 8, 3, 4, 5, 0, 8, 5, 6, 3, 0, 6, 9, 1, 5, 1, 2, 1,
       9, 8, 4, 3, 3, 0, 7, 8, 8, 1, 1, 3, 5, 5, 8, 4, 9, 7, 8, 4, 4, 9,
       0, 1, 6, 9, 3, 6, 1, 7, 0, 6, 2, 9])
```

図9「pred」に格納されている評価用画像の認識結果

一方、評価用の正解データは「y_test」に格納されていますので、「y_test」と入力して「Enter」キーを押せば、正解を確認できます（**図10**）。

```
>>> y_test
array([2, 8, 2, 6, 6, 7, 1, 9, 8, 5, 2, 8, 6, 6, 6, 6, 1, 0, 5, 8, 8, 7,
       8, 4, 7, 5, 4, 9, 2, 9, 4, 7, 6, 8, 9, 4, 3, 1, 0, 1, 8, 6, 7, 7,
       1, 0, 7, 6, 2, 1, 9, 6, 7, 9, 0, 0, 5, 1, 6, 3, 0, 2, 3, 4, 1, 9,
       2, 6, 9, 1, 8, 3, 5, 1, 2, 8, 2, 2, 9, 7, 2, 3, 6, 0, 5, 3, 7, 5,
       1, 2, 9, 9, 3, 1, 7, 7, 4, 8, 5, 8, 5, 5, 2, 5, 9, 0, 7, 1, 4, 7,
       3, 4, 8, 9, 7, 9, 8, 2, 6, 5, 2, 5, 8, 4, 8, 7, 0, 6, 1, 5, 9, 9,
       9, 5, 9, 9, 5, 7, 5, 6, 2, 8, 6, 9, 6, 1, 5, 1, 5, 9, 9, 1, 5, 3,
       2, 1, 6, 2, 1, 7, 3, 5, 1, 9, 2, 8, 9, 7, 2, 1, 4, 9, 3, 2, 6, 2,
       5, 9, 6, 5, 8, 2, 0, 7, 8, 0, 5, 8, 4, 1, 8, 6, 4, 3, 4, 2, 0, 4,
       5, 8, 3, 9, 1, 8, 3, 4, 5, 0, 8, 5, 6, 3, 0, 6, 9, 1, 5, 2, 2, 1,
       9, 8, 4, 3, 3, 0, 7, 8, 8, 1, 1, 3, 5, 5, 8, 4, 9, 7, 8, 4, 4, 9,
       0, 1, 6, 9, 3, 6, 1, 7, 0, 6, 2, 9])
```

図10「y_test」に格納されている評価用画像の正解データ

これら2つの配列を頭から照合していけば、正解／不正解を確認することができます。次のコードを入力して確認してみましょう。

```
(pred == y_test)
```

認識結果と正解を比較する

実行すると、認識結果（pred）と正解（y_test）を比較した結果が「True」と「False」の配列として表示されます（次ページ**図11**）。

```
>>> (pred == y_test)
array([ True,  True,  True,  True,  True,  True,  True,  True,  True,
        True,  True,  True,  True,  True,  True,  True,  True,  True,
        True,  True,  True,  True,  True,  True,  True,  True,  True,
        True,  True,  True,  True,  True,  True,  True,  True,  True,
        True,  True,  True,  True,  True,  True,  True,  True,  True,
        True,  True,  True,  True,  True,  True,  True,  True,  True,
        True,  True,  True,  True,  True,  True,  True,  True,  True,
        True,  True,  True,  True,  True,  True, False,  True,
        True,  True,  True,  True, False,  True,  True, False,  True,
        True,  True,  True,  True,  True,  True,  True,  True,  True,
```
不正解だった要素 → False / False
```
        True, False,  True,  True,  True,  True,  True,  True,  True,
        True,  True,  True,  True,  True,  True,  True,  True, False,
        True,  True,  True,  True,  True,  True,  True,  True,  True,
        True,  True,  True,  True,  True,  True,  True,  True,  True,
        True,  True,  True,  True,  True,  True,  True,  True,  True])
```

⬆図11 認識結果と正解を比較した結果の配列。「False」が不正解の要素

　参考までに、不正解だった画像を表示して見てみましょう。それには、図11の配列のうち、「False」の要素が何番目に登場するかを調べます。enumerate関数を使うと、配列のインデックスと要素を同時に取り出せるので、これを利用したfor構文を作り、要素が「False」になるまで順番に調べます。具体的には、以下のコードを順番に入力していきます。

比較結果の配列から、インデックスを変数「i」に、要素を変数「p」に入れて繰り返す

```
import numpy as np
for i, p in enumerate(pred == y_test):
    if p == False:
        plt.title("t:{} p:{}".format(
        y_test[i], pred[i]))
        img = np.reshape(X_test[i],(8, 8))
        plt.imshow(img, cmap=plt.cm.gray_r)
        plt.show()
        break
```

要素が「False」なら以下を実行

タイトルを表示。「t」が正解、「p」が認識結果

改行せずに1行で入力する

不正解を1つ表示したら終了

不正解だった要素のデータを8×8に変換して画像を表示する

なお、このコードの2行目以降をPythonのインタラクティブシェルで入力する際には注意が必要です。本書ではこれまで、インタラクティブシェルでインデントを含むコードを入力したことはありませんでしたが、インタラクティブシェルでfor構文やif構文を入力するには、**図12**のような流れになります。

　==for構文やif構文のように次行以降にもコードが必要な場合、インタラクティブシェルでは「...」のようにプロンプトが表示されます。==そこにインデントを付けて、for構文やif構文のブロックを入力してください。

⤴ **図12** インタラクティブシェルで複数行にわたるプログラムを入力するときの流れ。「...」と表示された状態では、複数行にわたってコードを入力し続けられる。最後に、コードを入れずに「Enter」キーを押すとプログラムが実行される

　このプログラムでは、最初に見つかった不正解データのインデックスを調べて、そのインデックスに相当する「X_test」のデータを8×8の多次元配列に変換して

画像を表示します。211ページで確認した通り、「X_test」の特徴量データは、画像データを1次元化したものと同じなので、反対に多次元化することで、画像データを生成できるのです。実際に表示された画像は**図13**の通りです。

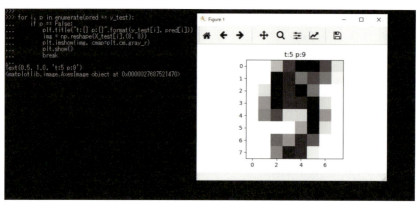

○ **図13** 最初の不正解データを画像として表示させたところ。正解(t)は「5」だが、認識結果(p)は「9」となっていた。確かに、間違えそうな画像だ

さらに、全体の認識精度を評価してみましょう。それには、認識結果と正解を比較して、その結果であるTrue（1）とFalse（0）の平均をmean関数で求めます。実行した結果は**図14**の通りです。約97％の正解率でした。

```
np.mean(pred == y_test)
```
平均を求める　　認識結果と正解を比較する

```
>>> np.mean(pred == y_test)
0.9666666666666667
>>>
```
約97％の正解率

○ **図14** 全体の正解率を集計した結果。約97％が正解だった

どの数字がどれだけ間違ったのかを調べることもできます。sklearn.metricsモジュールのconfusion_matrix関数を使うと、学習モデルがどのように画像を認識したのかを確認できます。次の2つのコードを実行してください。

```
from sklearn.metrics import confusion_matrix
confusion_matrix(y_test, pred,          改行せずに
labels=digits['target_names'])          1行で入力する
```

実行結果は**図15**の通りです。

```
>>> from sklearn.metrics import confusion_matrix
>>> confusion_matrix(y_test, pred, labels=digits['target_names'])
array([[45,  0,  0,  0,  0,  0,  0,  0,  0,  0],
       [ 0, 50,  0,  0,  0,  0,  1,  1,  0,  0],
       [ 0,  2, 51,  0,  0,  0,  0,  0,  0,  0],        「2の画像」は、
       [ 0,  0,  1, 52,  0,  0,  0,  1,  0,  0],        2つを「1」と間違えた
       [ 0,  0,  0,  0, 48,  0,  0,  0,  0,  0],
       [ 0,  0,  0,  0,  0, 55,  1,  0,  0,  1],        「5の画像」は、「6」と「9」に
       [ 0,  1,  0,  0,  0,  0, 59,  0,  0,  0],        それぞれ1回ずつ間違えた
       [ 0,  0,  0,  0,  2,  0,  0, 51,  0,  0],        「7の画像」は、
       [ 0,  2,  1,  0,  0,  1,  0,  1, 55,  1],        2つを「4」と間違えた
       [ 0,  0,  0,  0,  0,  1,  0,  0,  0, 56]], dtype=int64)
>>>
```

⬆ **図15** confusion_matrix関数で数字ごとの認識状況を調べた結果

　この正解率が高いか低いかは、ほかの機械学習アルゴリズムと比較する必要
がありますが、最新のニューラルネットワークを利用した機械学習を、Pythonで
は簡単に試すことができましたね。

おわりに

　いかがでしたか。本書では、Pythonプログラミングの基礎からスタートして、Webスクレイピングや機械学習の基本的な考え方まで解説してきました。機械学習については、あらかじめ用意されている手書き文字のデータセットを基に学習と評価を試すにとどまりましたが、この先には、自分で手書きした文字を認識させたり、人物写真の中から顔の位置を認識するように学習させたりと、いろいろな応用が考えられます。画像の認識だけではありません。テキスト解析の手法を身に付ければ、SNSに投稿された膨大なテキストを対象に機械学習を行い、トレンドの分析やマーケティングに役立つ情報を得ることなども夢ではありません。可能性は無限大です。

　本書で学んだ基礎的な知識とスキルがあれば、初心者にはハードルが高いと思われる専門書や、インターネット上で多数公開されているPythonに関する情報を見ても、もう面食らうことはないでしょう。自分なりに理解して、さらなる発展的な学習を進められるはずです。本書を「はじめの一歩」として、今後の学習やビジネスの幅を広げていっていただければ幸いです。

索引

英字

Anaconda（アナコンダ）	18
Anaconda Prompt	23
appendメソッド	99
Atom（アトム）	45
break文	87
calendarモジュール	152
cdコマンド	53
continue文	88
CSS（Cascading Style Sheets）	176
datetimeモジュール	162
dateオブジェクト	162
defキーワード	115
dot関数	202
elif構文	76
else文	66, 89
encodeメソッド	38
float関数	56, 139
format関数	139, 142
formatメソッド	145
for構文	103, 149
globalキーワード	135
HTML（HyperText Markup Language）	172
if構文	60
importキーワード	153, 156
input関数	55, 140
insertメソッド	99
int関数	56, 140
JavaScript	179
len関数	102, 140
linspace関数	206
matplotlibモジュール	204
mean関数	203
MLPClassifierオブジェクト	213
MNIST（エムニスト）	208
month関数	152
NumPyモジュール	200
open関数	141, 183
passキーワード	115
print関数	12, 141
Pythonの公式サイト	10
randint関数	91, 204
range関数	141, 148
remove メソッド	100
requestモジュール	182
return文	115, 125
reモジュール	190
scikit-learnモジュール	199, 208
sin関数	206
sortメソッド	100
std関数	203
strオブジェクト	39
str関数	124, 141
timedeltaオブジェクト	166
timeオブジェクト	164
train_test_split関数	212
TrueとFalse	72
urllibパッケージ	181

索引

UTF-8	36
UTF-8（BOMなし）	44
Webスクレイピング	170
while構文	83

ア行

入れ子	58, 74
インスタンス	160
インタラクティブシェル	11, 18
インデックス	92
インデント	61, 75
インポート	153, 156
エスケープシーケンス	41
演算子	15
演算子のオーバーロード	31
オブジェクト	39, 92
オブジェクト指向	100, 159

カ行

改行	41, 165
返り値	55
学習モデル	195
仮引数	120
カレントディレクトリ	51
関数	55, 112
関数の定義	114
キーワード引数	123
機械学習	194
強化学習	198

教師あり学習	196
教師なし学習	196
組み込み関数	114, 138, 167
クラス	160
クラスタリング（クラスター分析）	197
グラフ	204
繰り返し	82, 101
グローバルスコープ	133
グローバル変数	133
訓練用データ	212
コメント	79
コンストラクタ	160

サ行

サブルーチン	114
算術演算子	15
識別子	32
辞書	108
実引数	119
剰余	16, 26
除算	15, 26
書式指定文字列	143
人工知能（AI）	194
深層学習	194
数字	28
数値	28
数値型	30
スコープ	131
正規表現	188

整数型（int型）	30	プログラムを強制終了	90
属性	159, 160, 173	ブロック	61, 75

タ行

代入演算子	32, 86, 93
タプル	106
ディープラーニング（深層学習）	194
データ型	28, 30
デフォルト引数	122

ナ行

名前付き引数	123
ニューラルネットワーク	198
ネスト	74

ハ行

バージョン2系／3系	20, 39
バインド	93
パス	51
パッケージ	18, 157
比較演算子	69
引数	55, 98, 112
引数リスト	114
肥満指数（BMI）	47, 60
評価用データ	212
標準出力	12
ファンクションプロシージャ	114
ブール型（bool型）	30
浮動小数点数型（float型）	30

プロンプト（prompt）	12
変数	32
変数の初期化	130
変数の有効範囲	131
変数名のルール	34

マ行

無限ループ	90
メソッド	98, 118, 160
文字コード	38
文字化け	37
モジュール	152, 167
文字列	28, 39
文字列型（str型）	30
戻り値	55

ラ行

ライブラリ	18, 167
ランダムな数値	91
リスト	92, 101
ローカルスコープ	131
ローカル変数	132
論理演算子	71, 76

著者　中島省吾

有限会社メディアプラネット代表。エンジニア向け企業研修や新人研修の講師を務めるかたわら、プログラミングに関する解説書の執筆、eラーニングなどのコンサルティングやテキスト作成などを行っている。対象とするテーマはIT基礎、ネットワーク、データベース、C++、C#、Java、Web技術、Pythonなど幅広い。プログラミング雑誌「日経ソフトウエア」への寄稿も多数。

ビジネスPython超入門

2019年6月10日　第1版第1刷発行

著　　　　者	中島省吾
編　　　　集	田村規雄
発　行　者	村上広樹
発　　　行	日経BP
発　　　売	日経BPマーケティング
	〒105-8308　東京都港区虎ノ門4-3-12

装　　　　丁	小口翔平＋永井里実(tobufune)
本文デザイン	桑原　徹＋櫻井克也(Kuwa Design)
制　　　作	会津圭一郎(ティー・ハウス)
印 刷・製 本	図書印刷株式会社

ISBN 978-4-296-10213-6

©Nikkei Business Publications,Inc. 2019
Printed in Japan

本書の無断複写・複製(コピー等)は著作権法上の例外を除き、禁じられています。購入者以外の第三者による電子データ化及び電子書籍化は、私的使用を含め一切認められておりません。

本書籍に関するお問い合わせ、ご連絡は下記にて承ります。
https://nkbp.jp/booksQA